假日食话

杯子甜点

|主编 黄蕾|

U0242097

中国纺织出版社　国家一级出版社
全国百家图书出版单位

图书在版编目（CIP）数据

假日食话：杯子甜点 / 黄蕾主编．— 北京：中国
纺织出版社，2019.2（2024.1重印）
　　ISBN 978-7-5180-5505-0

　　Ⅰ．①假… Ⅱ．①黄… Ⅲ．①甜食—制作　Ⅳ．
① TS972.134

　　中国版本图书馆CIP数据核字（2018）第241253号

摄影摄像：深圳市金版文化发展股份有限公司
图书统筹：深圳市金版文化发展股份有限公司
————————————————————————————
责任编辑：樊雅莉　　　　责任校对：江思飞　　　　责任印制：王艳丽
————————————————————————————
中国纺织出版社出版发行
地址：北京市朝阳区百子湾东里 A407 号楼　　邮政编码：100124
销售电话：010 － 67004422　　传真：010 － 87155801
http://www.c-textilep.com
E-mail: faxing@c-textilep.com
中国纺织出版社天猫旗舰店
官方微博 http://weibo.com/2119887771
北京通天印刷有限责任公司印刷　各地新华书店经销
2019 年 2 月第 1 版　2024 年 1 月第 9 次印刷
开本：710×1000　　1 / 16　　印张：10.5
字数：95 千字　　定价：45.00 元
————————————————————————————

序言

　　大家都知道吃甜品能让人心情变好，但你是不是一吃到好吃的甜点就停不下来呢？或者为了保持身材根本就不敢吃那些动辄几千卡路里的甜点呢？那就来一杯杯子甜点吧，小巧的身材，丰富的内涵，一杯的容量刚好满足嘴馋又不想变胖的你。样式上既有经典的搭配，又有别出心裁创新款式，让你既饱眼福又饱口福。

　　甜点是一个比较宽泛的概念，一般常见的包括蛋糕、布丁、雪糕、奶茶等，而杯子甜点顾名思义就是装在杯子里的小甜点，巧妙的装饰不仅可以提升甜品的颜值，还可以控制你热量的摄入，一杯的分量又刚好是一次进食的量。也因为这样，制作上你也更加好掌握了，不用再担心做甜点容易失败。而且我们还用到了一些特殊的杯子，如梅森杯，它不仅在外形上非常清新，而且它的密封效果也很好，可以将做好的甜点保存起来。这样我们有时间的时候就可以多做几个，还可以作为礼物送给亲朋好友。

　　本书专门为甜品爱好者打造，选取既美味又能让普通的甜品爱好者都能自己动手做的具有代表性的甜品。书中一开始介绍了制作甜品的各种工具及制作手法，让大家了解制作甜品的基础性知识点，为制作好甜品打好基础。然后分章节每章都为大家介绍某一种类的甜品，包括基础蛋糕、芝士蛋糕、冰品雪糕、果冻布丁、慕斯蛋糕及综合甜点。书中还配有大量精美的甜品图片及制作步骤图，为您详细拆解每一个步骤；有些甜品还有二维码视频，让你看着视频学做甜品，步骤、过程一目了然。赶紧翻开书本，开启你的甜品之旅吧。

目录

第二章
基础蛋糕：每一杯都是迷人的景致

第三章

芝士蛋糕：每一杯都是浓厚的情怀

第四章

冰品雪糕：每一杯都是旖旎的风情

第五章
果冻布丁：每一杯都是唯美的情调

第六章
慕斯蛋糕：每一杯都是美妙的享受

第七章

综合甜点：每一杯都是生活的礼赞

第一章
杯子甜点小课堂

用杯子制作甜点，
简单又便捷，不需要太多工具和熟练技巧，
轻松做出属于自己的味道，
享受一下品尝甜点的幸福时光。

甜点制作的常用食材

坚果

坚果营养丰富，营养价值比较高，用在甜品中，可使甜品的口感和香味发生很大的变化。可以把坚果捣碎撒在冰沙上面，既有营养又能起到很好的装饰作用。

鸡蛋

鸡蛋是制作甜点最常用的材料之一，能增加香味、乳化结构，还具有凝结等作用。在使用中常会将蛋白和蛋黄分开处理，或只用其中的蛋白或蛋黄部分。

面粉

本书中所用到的面粉分别有低筋面粉、高筋面粉和中筋面粉。其中制作面包时多使用高筋面粉，其他产品多使用低筋面粉，一些特殊的配方才会使用中筋面粉。

牛奶

牛奶在制作甜点时常常使用，用于增添甜点的奶香风味。牛奶中富含蛋白质，有补充钙质的作用。一般来说，在制作甜点的过程中需要使用全脂牛奶。

酸奶

酸奶是生活中常见的食材，营养价值丰富。酸奶不仅可以单独喝，其实还可以搭配其他食材，制作出许多令人垂涎欲滴的美味甜点。

奶油奶酪

奶油奶酪又称奶油芝士，是牛奶浓缩、发酵而成的奶制品，含有较多的蛋白质和钙。通常为淡黄色，具有浓郁的奶香味，是制作奶酪蛋糕的常用材料。一般需要密封冷藏储存。

糖

糖是制作甜点必不可少的原料之一，经常用到的糖是白砂糖，除此之外还会用到质地细腻的糖粉或糖浆。而使用细砂糖是因为其颗粒结晶小，容易和配方中的油类融合。

吉利丁片

吉利丁片是从动物骨头中提取的，固态的被称为吉利丁片，鱼胶粉则是由固态状经脱色去腥而成的粉。使用前需用水泡软，通常用于制作慕斯蛋糕或布丁等甜品，起凝固作用。

淡奶油

淡奶油即动物奶油，脂肪含量通常在30%~35%，可打发后作为蛋糕的奶油装饰，也可作为制作原料直接加入到蛋糕制作中。日常需要冷藏储存，否则可能出现无法打发的情况。

黄油

黄油是从牛奶中提炼出来的油脂。本书中制作的产品多采用无盐黄油。无盐黄油通常需要冷藏储存，使用时要提前室温软化，若温度超过34℃，无盐黄油会呈现为液态。

色拉油

油脂可以让蛋糕更滋润、促进发酵、增加香味、产生不同的质地和柔软度等。色拉油因无色无味，不影响蛋糕原有的风味而被广泛采用。它能使面筋蛋白和淀粉颗粒润滑柔软，能改善蛋糕的口感，增加风味。

可可粉

由可可豆加工处理而来，通常呈棕色或褐色粉末状，带有浓浓的香气。可作为巧克力蛋糕的制作原料，也可在蛋糕完成后将可可粉撒于表面，起到装饰作用。作为装饰的可可粉最好选用防潮可可粉。

甜点制作的常用工具

电子秤

在制作甜点的过程中，我们要精准称量所需材料的质量，此时就需要选择性能良好的电子秤，以保证将产品的口感和风味完美地展现。

冰沙机

一般以转叶的方式碾碎冰块，比刨冰机碎出来的冰要粗糙一些，但如果只是家中自己做冰沙的话，冰块太硬，容易加速转叶钝化，所以最好将冰块与牛奶、果汁或水一起碾碎。

量杯

在制作冰激凌的过程中，很多时候都需要精确计量水、果汁、牛奶或者其他液体的量（体积），这个时候，液体计量杯就派上用场了。

刮板

刮板通常为塑料材质，主要用于搅拌面糊和蛋清，也可用于揉面时铲面板上的面、压拌材料以及鲜奶油的装饰整形。

刨冰机

刨冰机是以刮冰的方式来制作冰沙的，有方块冰刨冰机和整块冰刨冰机。方块冰刨冰机更为家庭化，因为冰箱随时可制作冰块，而且方块冰刨冰机在外形上也比较美观。整块冰刨冰机在甜品店里比较常用。

筛子

由于蛋糕需要很蓬松的面粉，过筛以后，面粉中的小疙瘩被打开，没有形成小疙瘩的面粉也被再次打开激活，变得更加蓬松，这样当和蛋白、蛋黄混合以后可以更加蓬松，做出来的产品更加细腻、松软。

分蛋器

分蛋器是用来将蛋黄和蛋清分离的工具，被广泛用于各种糕点、冰激凌等美食的制作中。其使用方法极其简单，只要将备好的鸡蛋打开，放到分蛋器上，滤去蛋清即可。

电动搅拌器

电动搅拌器包含一个电机身，配有打蛋头和搅面棒两种搅拌头。电动搅拌器可以使搅拌工作更加快速，材料搅拌得更加均匀。

裱花袋

裱花袋可以用于挤出蛋糕糊，还可以用来做蛋糕表面的装饰。搭配不同的裱花嘴可以挤出不同花形的饼干坯和各式各样的奶油装饰，可以根据需要购买。

烘焙油纸

烤盘需用油布或油纸垫上，以防半成品粘在烤盘上不便于清洗。有时在烤盘上涂油同样可以起到防粘的效果，但采取垫纸的方法可以免去清洗烤盘的麻烦。

挖球器

在冰激凌冷冻成型，从冰箱取出后，使用挖球器能够挖出美观的冰激凌球或者其他形状的冰激凌造型。

烤箱

烤箱在家庭中使用时一般情况下都是用来烤制饼干、点心和面包等食物。它是一种密封的电器，同时也具备烘干的作用。

奶锅

煮红豆或者做炼乳液等时使用。用搪瓷材料或者不锈钢材料的比较好，铝锅不耐酸，容易被腐蚀。

微波炉

微波炉主要用于各种食材的快速加热，且加热时间短，容易控制，不容易造成加热不均匀和加热过度的现象。总体而言微波炉烹调效率较高，也是甜品制作的重要工具之一。

长柄刮刀

长柄刮刀是一种软质、如刀状的工具，是西点制作中不可缺少的工具。它的作用是将各种材料拌匀，以及将盆底的材料刮干净。

奶油抹刀

抹刀是用来抹奶油的工具，抹刀的长短应按照蛋糕的大小来选择，一般来说8寸的抹刀适用于10寸以内的蛋糕。

手动搅拌器

手动搅拌器是制作西点时必不可少的工具之一，可以用于打发蛋白、黄油等，制作一些简易小蛋糕，但使用时费时费力，适用于材料混合搅拌等不费力气的步骤中。

水果刀

需要切小的食材时用小型的刀比较适合，特别是切水果、蔬菜薄片时，用水果刀效果很好。选择握起来舒服的水果刀即可。

甜点制作必学基本功

 **鸡蛋分离**

材料及工具

鸡蛋，分蛋器，玻璃碗

做法

1. 把鸡蛋直接磕出一个口。

2. 将整个蛋液放入分蛋器上面，蛋清随之流到碗里。

3. 将剩余在分蛋器中的蛋黄放入另一个碗中即可。

 面粉过筛

材料及工具

面粉，筛子，玻璃碗

做法

1. 在台面上放一个碗。

2. 筛子置于碗上方，将面粉倒入筛子里。

3. 左手拿着面粉筛，右手轻轻磕碰筛子四周，面粉就可以轻松过筛。

 裱花

材料及工具

奶油，裱花袋

做法

1. 将奶油装入裱花袋，不宜过多。

2. 用手握紧裱花袋，把奶油往前挤，将空气挤掉。

3. 将挤出的奶油裱在蛋糕上，即可。

🧁 蛋白的打发

材料及工具

蛋白 4 个，绵细砂糖 30 克，柠檬汁少许，搅拌器

做法

1. 蛋白滤入碗中，用搅拌器打至起粗泡。

2. 倒入细砂糖，挤入少许柠檬汁。

3. 持续搅拌至能形成鸡尾状的蛋白霜。

🧁 全蛋的打发

材料及工具

鸡蛋 2 个，细砂糖 15 克，打蛋器

做法

1. 鸡蛋与细砂糖放入打蛋盆中，将打蛋盆放置于 50℃左右的水盆中，隔热水打发；用打蛋器中速搅打 2 分钟，使得细砂糖和鸡蛋充分混合均匀。

2. 改用高速档，将蛋糊打至乳白色，此时提起打蛋器蛋糊会缓慢地流下来。

3. 再改用中速档继续搅打，将蛋糊内的大气泡打碎，使得蛋糊成鸡尾状即可。

🧁 奶油的打发

材料及工具

淡奶油 100 克，细砂糖 25 克，电动搅拌器，玻璃碗

做法

1. 将奶油倒入玻璃碗中。

2. 用电动搅拌器往一个方向搅打 1 分钟。

3. 分 3 次加入细砂糖，搅拌至形成鸡尾状的蛋白霜即可。

黄油的打发

材料及工具

黄油 120 克，绵细砂糖 20 克，搅拌器

做法

1. 在室温下软化的黄油倒入碗中。

2. 倒入绵细砂糖，用搅拌器将其混合均匀。

3. 再持续将黄油打至蓬松泛白即可。

 ## 基础蛋糕坯制作

材料及工具

鸡蛋 5 个，面粉 104 克，绵细砂糖 120 克，牛奶 64 毫升，色拉油适量，分蛋器，搅拌器，烤箱，模具

做法

1. 蛋白、蛋黄分离，分别装入不同的碗中；蛋白搅拌成粗泡，加入绵细砂糖，继续搅拌至能形成鸡尾状。

2. 将蛋黄均匀打散，加入牛奶、面粉，继续搅拌至无粉粒。

3. 分 3 次将蛋白与蛋黄糊混合，搅拌均匀，放入表面抹油的模具中。

4. 烤箱预热至 200℃，以 190℃烘烤 35 分钟，取出蛋糕，立即倒扣，脱模放凉。

 ## 基础慕斯制作

材料及工具

鱼胶片，淡奶油，细砂糖，搅拌器，冰箱

做法

1. 鱼胶片用冷开水浸泡至软；淡奶油加细砂糖打发。

2. 锅中注水烧至微热，关小火放入鱼胶片，将其完全溶化。将鱼胶液倒入淡奶油内，充分搅拌均匀。

3. 倒入容器后放入冰箱冷藏至凝固即可。

造型各异的甜点杯子

马克杯

马克杯的意思是大柄杯子，因为马克杯的英文叫mug，所以翻译成马克杯。马克杯是家常杯子的一种，一般用于盛放牛奶、咖啡、茶类等热饮。西方一些国家也有用马克杯在工作休息时喝汤的习惯。杯身一般为标准圆柱形或类圆柱形，并且杯身的一侧带有把手。马克杯的把手形状通常为半环状，常用材质为纯瓷、釉瓷、玻璃、不锈钢或塑料等。

酒杯

主要包括葡萄酒杯、鸡尾酒杯、威士忌酒杯等，其中葡萄酒杯又包括红葡萄酒杯、白葡萄酒杯和香槟杯等，材质上主要为水晶和玻璃。这些酒杯外形都精致、优美，是盛装甜品富有创意的选择，可以根据具体需要选择不同的酒杯。

果汁杯

果汁杯，顾名思义就是装果汁的杯子。夏天是喝果汁最多的时期，果汁杯以精致漂亮的外观和里面美味而解渴的果汁受人欢迎。此外，果汁杯也可以用来装甜品，一般用来装奶茶、冰沙等液体或半液体的甜品。

纸杯

是可以放进烤箱烘烤，并且不需要脱模的烘焙纸杯。使用时将蛋糕面糊直接注入纸杯即可，烤好后可直接冷却、保存。制作者可选取自己喜爱或符合主题的纸杯样式，使烘焙产品更加可爱多样。

梅森杯

梅森杯又叫梅森瓶，是一种起源于美国的带盖玻璃罐，可以用来储存食物。由于其清新的外表、丰富的尺寸和极强的可塑性，也衍生出了很多新用途。用梅森杯盛装的美味，因造型百变、文艺风十足而广受欢迎。常用的梅森杯大小、形状有很多种类，可以根据所做甜品选择合适尺寸，也可利用手头上现有的玻璃罐。梅森杯甜点的一大亮点就是观赏性十足，在制作甜点时注意色彩搭配和协调，可以让甜品本身更加吸引眼球。本书介绍了多款用梅森杯制作的甜点。

雪糕杯

雪糕杯是甜品杯里使用率极高的一款杯子，类似于红酒杯，但一般比高脚杯要低，开口也较大，形式上也更灵巧多样，因此兼具使用价值和观赏价值。

第二章

基础蛋糕：
每一杯都是迷人的景致

将蛋糕装进杯子里，
把甜蜜吃进嘴里，
每一款都是独一无二，
每一杯都是"别有洞天"。

猫头鹰杯子蛋糕

容器：纸杯

有索伦在的地方便有信仰，而此刻，是关于美食的信仰。

● 材料

低筋面粉105克

泡打粉3克

无盐黄油80克

细砂糖70克

盐2克

鸡蛋1个

酸奶85克

黑巧克力100克

奥利奥饼干6块

M&M巧克力豆适量

● 工具

手动搅拌器

电动搅拌器

玻璃碗

裱花袋

剪刀

橡皮刮刀

烤箱

● 做法

❶ 用手动搅拌器将无盐黄油打散。

❷ 加入细砂糖和盐，用电动搅拌器搅打至微微发白。

❸ 分3次加入蛋液，充分搅拌均匀；分2次倒入酸奶，拌匀。

❹ 筛入低筋面粉及泡打粉，搅拌至无颗粒状，制成蛋糕面糊。

❺ 装入裱花袋，拧紧裱花袋口，在裱花袋尖端处剪一小口，垂直以画圈的方式将蛋糕面糊挤入蛋糕纸杯至八分满。

❻ 烤箱以上火170℃、下火170℃预热，蛋糕放入烤箱，烤约20分钟。

❼ 取出待凉的蛋糕体，用橡皮刮刀在表面均匀抹上煮溶的黑巧克力酱。

❽ 将每片奥利奥分开，取夹心完整的那一面，作为猫头鹰的眼睛，用M&M巧克力豆作为猫头鹰的眼珠及鼻子，将剩余的奥利奥饼干从边缘切取适当大小，作为猫头鹰的眉毛即可。

1   2   3   4

5   6   7   8

奶油戚风杯 容器：果汁杯

● 材料

鸡蛋2个，黄油25克，牛奶30毫升，白砂糖40克，低筋面粉45克，淡奶油150克，糖粒适量

● 工具

玻璃碗，电动搅拌器，筛子，蛋糕模具，切刀，裱花袋，烤箱

● 做法

❶ 分离蛋清与蛋黄，各装到容器中。

❷ 先打发蛋清，加3次糖，用电动搅拌器搅打至微微发白。

❸ 将蛋黄搅匀，加牛奶，继续搅匀；再加入黄油，搅匀；分2次筛入低筋面粉，翻拌均匀。分2次把蛋清加入蛋黄糊中，翻拌均匀。

❹ 拌好的面糊倒入模具，以150℃烤30分钟，烤好放凉，切成小块装入杯子。

❺ 容器中倒入淡奶油，低速打发，装入裱花袋。

❻ 裱花袋以垂直画圈的方式将奶油挤入蛋糕杯中，最后撒上糖粒即可。

咖啡海绵蛋糕 容器：果汁杯

● 材料

鸡蛋335克，细砂糖155克，低筋面粉125克，食粉2.5克，纯牛奶50毫升，色拉油28毫升，咖啡粉50克，奶油100克

● 工具

玻璃碗，电动搅拌器，烤箱，烘焙纸，烤盘，切刀

● 做法

❶ 将鸡蛋、细砂糖倒入玻璃碗中，用电动搅拌器快速搅拌均匀，制成蛋液。

❷ 在低筋面粉中倒入食粉、咖啡粉，将混合好的材料倒入蛋液中，快速搅拌均匀。

❸ 倒入纯牛奶，搅拌均匀；加入色拉油，快速搅拌均匀，制成蛋糕浆。

❹ 在烤盘中铺一张烘焙纸，倒入蛋糕浆，抹匀。

❺ 将烤盘放入烤箱，以上火170℃、下火170℃烤20分钟至熟，取出放凉切成块。

❻ 将蛋糕块放入杯中，再挤入一层奶油，以此循环至满即可。

提子松饼蛋糕

容器：纸杯

提子告诉我，它曾经生活在中国的西北，那里
天空很蓝，白云很高。

● 材料

鸡蛋3个

砂糖135克

盐3克

鲜奶110毫升

无盐黄油150克

高筋面粉55克

低筋面粉145克

泡打粉3克

提子干120克

淡奶油100克

● 工具

玻璃碗

电动搅拌器

筛子

裱花袋

烤箱

● 做法

❶ 将鸡蛋打入玻璃碗中，加入砂糖，用电动搅拌器搅打均匀。

❷ 加入盐、鲜奶及无盐黄油，用电动搅拌器慢速拌匀，再快速搅拌至软滑。

❸ 再加入提子干拌匀。

❹ 筛入高筋面粉、低筋面粉及泡打粉，搅拌均匀，制成蛋糕糊。

❺ 将蛋糕糊装入裱花袋。

❻ 从中间挤入到蛋糕纸杯中。

❼ 烤箱以上火170℃、下火160℃预热，蛋糕放入烤箱中层，全程烤约20分钟。

❽ 出炉后待其冷却，在表面挤上已打发的淡奶油，用提子干装饰即可。

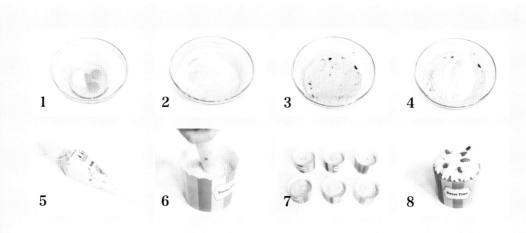

1   2   3   4

5   6   7   8

奥利奥奶酪小蛋糕

容器：纸杯

奥利奥的酥脆加上蛋糕的浓香，简单的食材做出不一样的美味。

● 材料

奶油奶酪250克

淡奶油150克

蛋黄2个

蛋白2个

香草精2克

细砂糖60克

奥利奥饼干碎适量

● 工具

玻璃碗

电动搅拌器

裱花袋

烤箱

橡皮刮刀

烤箱

● 做法

❶ 奶油奶酪倒入搅拌盆中，用电动搅拌器打散。

❷ 倒入淡奶油及细砂糖30克，搅拌均匀；倒入蛋黄，用电动搅拌器搅打均匀，加入香草精，继续搅拌，制成淡黄色霜状混合物。

❸ 取另一个搅拌盆，放蛋白、细砂糖30克，用电动搅拌器快速打发至可提起鹰钩状，制成蛋白霜。

❹ 将蛋白霜分2次加入到步骤2的搅拌盆中，搅拌均匀，制成蛋糕糊。

❺ 蛋糕糊用橡皮刮刀装入裱花袋中，垂直从中间挤入蛋糕纸杯中至七分满即可；在蛋糕表面撒上少许奥利奥饼干碎。

❻ 在烤盘中倒入适量清水。烤箱以上火170℃、下火160℃预热，蛋糕放入烤盘中，温度调至180℃烤约10分钟后，转用150℃烤约6分钟即可。

黑森林蛋糕

容器：纸杯

● 材料

鸡蛋4个，细砂糖100克，低筋面粉100克，无糖可可粉20克，无盐黄油30克，纯牛奶50毫升，乳脂淡奶油适量，樱桃适量，黑巧克力碎适量

● 工具

玻璃碗，筛子，烤箱，裱花袋

● 做法

1 鸡蛋打散，加入细砂糖。

2 筛入一半粉类（可可粉+低筋面粉）拌匀。

3 倒入一半牛奶加溶化的无盐黄油拌匀。

4 再筛入另一半粉，倒入另一半牛奶、无盐黄油。

5 倒入纸杯中，放入烤箱中下层，温度175℃烤15分钟。

6 冷却后，挤上奶油花，顶上放一粒樱桃，四周撒上黑巧克力碎即可。

巧克力戚风蛋糕 （容器：威士忌酒杯）

● 材料

巧克力蛋黄糊：蛋黄3个，糖粉30克，淡奶油35克，可可粉15克，小苏打粉、泡打粉各1克，色拉油40毫升，低筋面粉适量

蛋白糊：蛋白3个，细砂糖适量

装饰：甜奶油，巧克力碎

● 工具

手动搅拌器，电动搅拌器，玻璃碗，烤箱，切刀，裱花袋，蛋糕模具，筛子

● 做法

❶ 巧克力蛋黄糊：混合色拉油与淡奶油，搅拌至乳化，加入糖粉、蛋黄筛入材料中的全部粉类，搅拌至无颗粒；蛋白糊：蛋白中分次加入细砂糖，用电动搅拌器打至硬性发泡，取1/3的蛋白糊加入到蛋黄糊中，搅匀。

❷ 将搅拌均匀的巧克力蛋黄糊全部倒入剩下的蛋白糊中，搅拌至均匀光滑；注入正方形活底戚风蛋糕模具中，将表面抹平。放在烤架上，置于烤箱中层，以150℃烘烤60分钟。

❸ 取出，切小块，放入杯中至八分满，再在上面挤上一层甜奶油，最后在奶油上装饰巧克力碎即可。

红丝绒纸杯蛋糕

容器：纸杯

艳丽的红丝绒蛋糕，配上软滑的奶油奶酪，口口甜蜜。

● 材料

低筋面粉100克

糖粉73克

无盐黄油45克

鸡蛋1个

鲜奶90毫升

可可粉7克

柠檬汁8毫升

盐2克

小苏打2.5克

红丝绒色素5克

淡奶油100克

● 工具

玻璃碗

长柄刮刀

手动搅拌器

裱花袋

烤箱

筛子

电动搅拌器

● 做法

❶ 无盐黄油与糖粉65克倒入搅拌盆中，加盐搅拌均匀。

❷ 加入鸡蛋，用手动搅拌器搅拌至完全融合。

❸ 加入红丝绒色素，搅拌均匀，呈深红色；倒入鲜奶，搅拌均匀；倒入柠檬汁，继续搅拌。

❹ 筛入低筋面粉、可可粉及小苏打，搅拌均匀，制成红丝绒蛋糕糊。

❺ 将蛋糕糊装入裱花袋，拧紧裱花袋，从中间垂直挤入蛋糕纸杯至七分满。

❻ 烤箱以上火175℃、下火175℃预热，将蛋糕放入烤箱，烤约20分钟。

❼ 淡奶油加糖粉8克用电动搅拌器快速打发至可提起鹰钩状。

❽ 将打发好的淡奶油装入裱花袋中，以螺旋状挤在蛋糕表面。再插上Hello Kitty的小旗即可。

1   2   3   4

5   6   7   8

巧克力香蕉麦芬 容器：纸杯

● 材料

低筋面粉160克，泡打粉5克，小苏打2克，可可粉10克，鸡蛋1个，红糖75克，植物油60毫升，牛奶90~100毫升，熟透的香蕉1根，奶油适量

● 工具

保鲜袋，擀面杖，盆，长柄刮刀，筛子，烤箱，烤盘

● 做法

❶ 香蕉去皮，放入保鲜袋里，用擀面杖压成泥；红糖放入保鲜袋，用擀面杖压碎。

❷ 盆中放入鸡蛋、牛奶、植物油及压碎的红糖，轻轻搅匀；放入压好的大部分香蕉泥，拌匀。

❸ 将低筋面粉、泡打粉、小苏打和可可粉混合过筛，用刮刀翻拌至粉类材料全部湿润。

❹ 烤箱以170℃预热10分钟左右。

❺ 将纸杯提前放在烤盘上，再将混合好的香蕉巧克力面糊装入纸杯，六七分满即可。

❻ 将烤盘送入烤箱中层，上、下火170℃烘烤25分钟取出，再装饰上奶油和剩余的香蕉泥即可。

芒果奶油蛋糕 容器：雪糕杯

● 材料

主料：鸡蛋黄4个，低筋面粉40克，食用油40毫升，细砂糖9克

辅料：鸡蛋清4个，柠檬汁几滴，淡奶油50克，细砂糖30克，芒果适量

● 工具

鸡蛋分离器，玻璃碗，搅拌器，筛子，蛋糕模具，烤箱，切刀

● 做法

❶ 分离蛋清和蛋黄；主料中除低筋面粉外全部混合，用搅拌器搅打3分钟左右，使得油脂充分乳化便于蛋糕膨胀，筛入低筋面粉，搅匀备用。

❷ 鸡蛋清中滴入柠檬汁，打发蛋清，打至鱼眼泡状态，将糖分3次加入，逐渐打至硬性发泡；取1/3加入到蛋黄糊中，快速左右搅拌均匀。

❸ 将蛋黄糊倒入剩下的蛋白中，均匀搅拌，倒入蛋糕模具，用力震出大气泡。

❹ 送入预热好的烤箱以145℃烤30分钟，取出放凉，切成四片；将芒果肉切丁；将蛋糕片抹上一层打发好的奶油；铺上一层芒果，再抹一层奶油，重复此动作，杯满即可。

苹果玛芬

简简单单做蛋糕，香香甜甜好滋味。

● 材料

苹果丁150克

低筋面粉160克

细砂糖90克

泡打粉2克

柠檬汁5毫升

盐1克

肉桂粉1克

牛奶55毫升

无盐黄油95克

椰丝10克

鸡蛋1个

● 工具

平底锅

电动搅拌器

裱花袋

烤箱

筛子

搅拌盆

● 做法

❶ 将苹果丁和细砂糖30克倒入平底锅中，加热约10分钟。

❷ 待苹果丁变软后，加入柠檬汁和肉桂粉，搅拌均匀，备用。

❸ 将室温软化的无盐黄油及60克细砂糖倒入搅拌盆中，用电动搅拌器打至蓬松羽毛状，加入鸡蛋，搅拌至完全融合。

❹ 筛入低筋面粉、泡打粉及盐，搅拌均匀。

❺ 倒入牛奶及1/2的苹果丁，搅拌均匀，制成蛋糕糊，装入裱花袋中。

❻ 将蛋糕糊挤入蛋糕纸杯，至八分满。

❼ 在表面放上剩余的苹果丁，再撒上椰丝。

❽ 放进预热至175℃的烤箱中，烘烤约25分钟，烤好后取出放凉即可。

小黄人杯子蛋糕

容器：纸杯

小黄人静静地等待着，等它的主人给它带回来它喜爱的香蕉。

● 材料

鸡蛋1个

砂糖65克

植物油50毫升

鲜奶40克

低筋面粉80克

盐1克

泡打粉1克

巧克力适量

翻糖膏适量

黄色素适量

● 工具

手动搅拌器

玻璃碗

筛子

裱花袋

烤箱

剪刀

擀面杖

● 做法

❶ 鸡蛋搅拌成蛋液，蛋液与砂糖倒入玻璃碗，搅拌均匀，加入盐，搅拌均匀，加入鲜奶及植物油，搅匀。

❷ 筛入低筋面粉及泡打粉，搅拌均匀，制成淡黄色蛋糕糊。

❸ 将蛋糕糊装入裱花袋，垂直从蛋糕纸杯中间挤入，至八分满即可。

❹ 烤箱以上火170℃、下火170℃预热，将蛋糕放入烤箱，烤约20分钟。

❺ 待蛋糕体冷却后，沿杯口切去高于纸杯的蛋糕体。

❻ 取适量翻糖膏，加入几滴黄色素；揉搓均匀，使翻糖膏呈鲜亮的黄色。

❼ 用擀面杖将黄色翻糖膏擀平，用一个新的蛋糕细杯在翻糖膏上印出圆形。用剪刀将圆形剪下，放在蛋糕体上面作为小黄人的皮肤。

❽ 取一块新的翻糖膏，用裱花嘴圆形的一端印出小的圆形，作为小黄人的眼白；用一个大的裱花嘴在原来黄色翻糖上印出眼睛的外圈；将白色翻糖膏套入黄色圈圈中，作为小黄人的眼睛；用巧克力画出小黄人的眼珠、嘴巴和眼镜框即可。

黑糖桂花蛋糕

容器：纸杯

用黑糖代替细砂糖，加上桂花的点缀，满足味
觉与嗅觉的双重享受。

● 材料

泡打粉1克

蛋黄2个

热水30毫升

黑糖20克

色拉油10毫升

蛋白2个

干桂花3克

细砂糖20克

低筋面粉50克

● 工具

玻璃碗

手动搅拌器

筛子

电动搅拌器

裱花袋

烤箱

● 做法

❶ 将热水倒入2克干桂花中，浸泡备用。

❷ 在玻璃碗中倒入蛋黄及黑糖，搅拌均匀。

❸ 加入浸泡过的桂花（倒掉浸泡的水）及色拉油，搅拌均匀。

❹ 筛入低筋面粉及泡打粉，搅拌均匀。

❺ 取一新的玻璃碗，将蛋白及细砂糖打发，制成蛋白霜。

❻ 将1/3蛋白霜倒入做法4中，搅拌均匀；将其倒回至剩余的蛋白霜中，搅拌均匀，制成蛋糕糊。

❼ 将蛋糕糊装入裱花袋中，挤入蛋糕纸杯中，放入预热至170℃的烤箱中，烘焙约25分钟。

❽ 取出后在表面撒上剩余的干桂花即可。

舒芙蕾

容器：陶瓷杯

来自法国中世纪的甜点，如云朵般轻盈，如美酒般醉人，独特的口感绵延在唇齿之间，轻尝一口永生难忘。

● 材料

无盐黄油10克　　　牛奶190毫升

蛋黄3个　　　　　香草荚2克

柠檬皮1个

细砂糖55克

低筋面粉30克

蛋白3个

● 工具

玻璃碗

筛子

奶锅

手动搅拌器

电动搅拌器

裱花袋

烤箱

● 做法

❶将蛋黄和30克细砂糖倒入搅拌盆中，拌匀；筛入低筋面粉，拌匀。

❷将香草荚加入牛奶中，煮至沸腾，再分3次倒入做法1中，拌匀；拌好后倒入奶锅中，边加热边搅拌，拌至浓稠状态即可；放凉后倒入玻璃碗中。

❸玻璃碗中再倒入无盐黄油及柠檬皮搅拌均匀，制成蛋黄糊。

❹将蛋白和25克细砂糖倒入另一个搅拌盆中，用电动搅拌器打发，制成蛋白霜。

❺将1/3霜倒入蛋黄糊中，搅拌均匀，再倒回至剩余的蛋白霜中，搅拌均匀，制成蛋糕糊，装入裱花袋中。

❻将蛋糕糊挤入陶瓷杯中，放在烤盘上，在烤盘中倒入热水，放进预热至起白霜，190℃的烤箱中烘烤约30分钟即可。

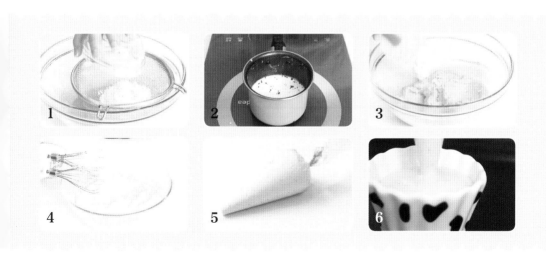

核桃牛油蛋糕 容器：纸杯

● **材料**

蛋黄2个，低筋面粉100克，细砂糖60克，泡打粉2克，无盐黄油50克，核桃适量，牛奶20毫升，香草精3滴

● **工具**

玻璃碗，手动搅拌器，筛子，裱花袋，烤箱

● **做法**

❶ 在玻璃碗中倒入无盐黄油和细砂糖，搅匀。

❷ 依次倒入牛奶、蛋黄，筛入低筋面粉及泡打粉，分别搅拌均匀。

❸ 倒入香草精，拌匀，制成蛋糕糊，装入裱花袋中；将蛋糕糊垂直挤入蛋糕纸杯中，至七分满，在蛋糕表面放上核桃。

❹ 放入预热至180℃的烤箱中，烘烤约20分钟，至表面上色即可。

草莓奶油蛋糕

● 材料

海绵蛋糕：鸡蛋60克，糖粉80克，盐2克，黄油75克，牛奶10毫升，低筋面粉110克，泡打粉4克

奶油：淡奶油150克，细砂糖30克，草莓适量

● 工具

奶锅，电动搅拌器，筛子，长柄抹刀，裱花袋，烤箱

● 做法

❶ 牛奶、黄油倒入奶锅中，加热至黄油溶化。

❷ 低筋面粉内加入泡打粉、盐，拌匀；鸡蛋加糖粉，用电动搅拌器打发至乳白色；分次加入拌好的粉类，搅匀；分次加入牛奶，搅拌均匀。

❸ 纸杯中倒入蛋糕液，抹平，放入预热的烤箱，上火170℃，下火150℃，烤20分钟。

❹ 淡奶油内加入细砂糖，用电动搅拌器打至鸡尾状，装入裱花袋内。

❺ 取出蛋糕，在蛋糕上用裱花袋挤上奶油，放上草莓装饰即可。

第三章

芝士蛋糕：
每一杯都是浓厚的情怀

绵软的口感，
对比稍显坚实的内里，
再装饰上色彩缤纷的水果，
咬一口，浓情无限。

大理石芝士蛋糕 容器：果汁杯

● **材料**

酸奶200克，奶油芝士200克，淡奶油40克，牛奶100毫升，鱼胶粉15克，糖粉60克，柠檬汁15毫升，朗姆酒7毫升，黑巧克力100克

● **工具**

玻璃碗，电动搅拌器，奶锅，冰箱

● **做法**

❶ 鱼胶粉加水泡发；奶油芝士软化后加糖粉，用电动搅拌器打成无颗粒状；在芝士内加入柠檬汁、朗姆酒，充分搅匀，再加酸奶并打发。

❷ 一半的淡奶油加入牛奶后倒入锅中加热，放入泡发好的鱼胶粉，充分煮化；待微凉后分次倒入芝士糊内，不停地搅拌均匀。

❸ 黑巧克力隔水加热至溶化，倒入剩余的淡奶油，充分拌匀；芝士糊分成两份，其中一份内加入巧克力液，搅拌均匀。

❹ 将两色的芝士糊倒入两个尖嘴容器内，然后交叉地倒入容器内，再用筷子以"一"字再划拉两道，放入冰箱冷藏至凝固即可。

香草核桃芝士蛋糕 〔容器：纸杯〕

● 材料

饼干碎80克，吉利丁片15克，牛奶100毫升，黄油40克，淡奶油150克，芝士250克，细砂糖60克，香草粉45克，核桃碎40克，蜂蜜适量

● 工具

玻璃碗，奶锅，冰箱

● 做法

❶ 将黄油和饼干碎拌匀后铺在纸杯底层。

❷ 奶锅中倒入牛奶，用小火加热一会儿，倒入细砂糖，搅拌至溶化。

❸ 放入芝士，搅拌至溶化；放入香草粉，搅拌均匀。

❹ 关火，加入吉利丁片，拌匀；倒入打发好的淡奶油，拌匀，制成蛋糕浆。

❺ 取出装有黄油饼干碎的纸杯，倒入蛋糕浆，撒上部分核桃碎。

❻ 放入冰箱冷冻30分钟至成型，取出，在蛋糕上放上剩余的核桃碎，再淋上蜂蜜即可。

南瓜芝士蛋糕

容器：布丁杯

浓郁的南瓜不仅不会抢了芝士的风头，反而成
就了芝士的口感，让芝士的味道得到升华。

● 材料

淡奶油125克

牛奶100毫升

南瓜泥100克

奶油芝士60克

黄油饼干碎末40克

细砂糖10克

明胶10克

● 工具

玻璃碗

冰箱

微波炉

勺子

电动搅拌器

1

2

3

4

● 做法

❶ 取出杯子，倒入拌匀了黄油的饼干碎，用勺子按压平整，待用；加热牛奶至60℃，倒入细砂糖，搅拌均匀；明胶加热成液状，取出后倒入牛奶中，搅拌均匀。

❷ 将奶油芝士放入玻璃碗中，打散，加入南瓜泥，搅拌均匀。

❸ 将牛奶分3次倒入，搅拌均匀，制成南瓜浆。

❹ 将淡奶油用电动搅拌器打发，倒入南瓜浆，搅拌均匀，制成蛋糕浆，倒入杯中，放冰箱冷冻30分钟至成型；取出，放上剩余的南瓜泥，即可。

> **Tips**
> 若喜欢特别细腻的芝士蛋糕，可通过减少南瓜用量，增加芝士来改变口感。

芒果芝士蛋糕

容器：蛋糕杯

芒果一直是甜品中的宠儿，当芒果遇上芝士蛋糕，心情都变得明朗起来。

● 材料

饼干60克　　　淡奶油77克

黄油15克　　　鱼胶48克

芝士100克　　　芒果肉200克

细砂糖30克

● 工具

玻璃碗

手动搅拌器

冰箱

微波炉

擀面杖

勺子

● 做法

❶ 把饼干装入碗中，用擀面杖捣碎，加入溶化好的黄油，搅拌均匀，把黄油饼干糊装入模具中，用勺子压实、压平。

❷ 将鱼胶放入微波炉，加热20秒成液体。

❸ 细砂糖倒入鱼胶液中，搅拌至无颗粒状。

❹ 继续加入淡奶油，搅拌均匀；加入芒果粒，搅拌均匀；倒入芝士中，搅拌均匀，做成蛋糕浆。

❺ 把蛋糕浆倒入杯中制成生坯，放入冰箱冷冻20分钟至成型。

❻ 将剩余芒果切成条状，摆放成花状放入杯中即可。

Tips

芒果味道香甜，纤维丰富，还含有大量的维生素A和胡萝卜素，对眼睛有很好的保护作用。

1

2

3

4

5

6

柠檬芝士蛋糕 容器：布丁杯

● 材料

柠檬凝乳： 柠檬汁90毫升，鸡蛋100克，细砂糖105克，奶油芝士140克，黄油25克，鱼胶粉10克

蛋白霜： 蛋清80克，糖粉30克

饼底： 消化饼干100克，黄油40克

● 工具

玻璃碗，电动搅拌器，裱花袋，喷枪

● 做法

❶ 鱼胶粉加水泡发片刻；消化饼干内加入软化的黄油，充分拌匀，待用；奶油芝士内加入一半的细砂糖，用电动搅拌器将其打发至蓬松。

❷ 柠檬汁、鸡蛋倒入碗中，再加入剩余的细砂糖，隔水加热同时不停搅拌；再放入黄油、鱼胶粉，充分搅拌黏稠。

❸ 将搅拌均匀的蛋液分次倒入芝士内，不停地搅拌成柠檬凝乳。蛋清倒入碗中，加入糖粉，用电动搅拌器将其打发成鸡尾状，再装入裱花袋。

❹ 容器内铺入饼干，倒柠檬凝乳，放冰箱冷冻30分钟至成型；取出后，将蛋白霜挤在表面，撒上糖粉；用喷枪将蛋白霜表面上色即可。

草莓芝士蛋糕 （容器：红酒杯）

● 材料

淡奶油125克，牛奶100毫升，奶油芝士60克，黄油饼干碎末30克，草莓135克，细砂糖10克，明胶30克

● 工具

手动搅拌器，水果刀，电动搅拌器，玻璃碗，冰箱，微波炉

● 做法

① 将洗好的草莓去蒂，切好备用。取一杯子，放入黄油饼干碎末，用勺子压平。牛奶放入微波炉加热40秒，取出倒细砂糖搅匀，制成牛奶液。

② 奶油芝士倒入碗中，用手动打蛋器打散，分次倒入牛奶液，制成牛奶芝士液；明胶放入微波炉加热20秒，制成明胶液，取出倒入牛奶芝士液中，搅拌均匀。

③ 打发淡奶油，将牛奶芝士明胶混合物倒入其中，搅拌均匀，制成蛋糕浆。

④ 取出装有黄油饼干碎的杯子，倒入蛋糕浆，放入冰箱冷冻30分钟至成型；取出蛋糕，顶端放上切好的草莓，即可。

樱桃芝士蛋糕

（容器：梅森杯）

● 材料

饼干80克，黄油45克，芝士200克，细砂糖40克，鸡蛋2个，牛奶30毫升，玉米淀粉15克，樱桃酱适量，吉利丁片4片

● 工具

擀面杖，玻璃碗，手动搅拌器，奶锅，冰箱

● 做法

❶ 把饼干装入碗中，用擀面杖捣碎，加入黄油，搅拌均匀后装入杯具中，用勺子压实、压平；吉利丁片放入清水中浸泡2分钟。

❷ 牛奶倒入锅中，加入细砂糖，拌匀；放入芝士，搅拌均匀；在锅中加入吉利丁片，拌匀；玉米淀粉放入锅中，将其搅拌均匀，加入鸡蛋，搅匀，制成蛋糕浆。

❸ 将蛋糕浆倒在饼干糊上，将表面抹平，制成芝士蛋糕生坯；放入适量樱桃酱，将其放入冰箱中冷冻1小时至定型后取出，即成。

布朗尼芝士蛋糕 （容器：梅森杯）

● 材料

黑巧克力50克，细砂糖50克，牛奶60毫升，芝士210克，淡奶油50克，明胶30克

● 工具

玻璃碗，手动搅拌器，电动搅拌器，微波炉，冰箱

● 做法

❶ 牛奶中加入黑巧克力放入微波炉加热40秒，取出后倒入细砂糖，搅拌至溶化，制成巧克力牛奶液；芝士倒入空碗中，用手动打蛋器打散，分3次倒入巧克力牛奶液，制成芝士液。

❷ 明胶放入微波炉加热20秒，制成明胶液，取出倒入芝士液中，搅拌均匀。

❸ 打发淡奶油，留一部分备用；将步骤2的混合物倒入其中，搅拌均匀，制成蛋糕浆。

❹ 取梅森杯，倒入蛋糕浆，放入冰箱冷冻30分钟至成型；取出冻好的芝士蛋糕，挤上打发的淡奶油，顶端装饰上溶化的巧克力液，即可。

百香果芝士蛋糕

容器：雪糕杯

酸甜的百香果配上软嫩芝士蛋糕，舀一勺，入口即化，齿颊留香。

● 材料

黄油饼干碎50克

奶油芝士100克

细砂糖25克

牛奶20毫升

百香果30克

明胶19克

● 工具

玻璃碗

手动搅拌器

冰箱

微波炉

勺子

● 做法

❶ 把黄油饼干碎装入杯具中，用勺子压实、压平。

❷ 将奶油芝士放入大玻璃碗中，用手动搅拌器打散。

❸ 牛奶中加入细砂糖，放入微波炉加热；搅拌均匀后倒入芝士中，搅拌均匀。

❹ 明胶加热至液状，倒入牛奶芝士液中，制成蛋糕浆。

❺ 取出装有黄油饼干碎的杯子，倒入蛋糕浆，放冰箱冷冻30分钟至定型后取出。

❻ 倒入百香果，冷冻15分钟取出即可。

> **Tips**
> 因奶油芝士温度较低，当明胶液加入时遇冷容易结块，可通过隔水加热使结块溶化。

1

2

3

4

5

6

巧克力芝士蛋糕

容器：纸杯

品尝这道经典的巧克力芝士蛋糕，找到属于你的巧克力"美味"！

● **材料**

芝士250克

糖粉60克

黄油饼干碎80克

明胶28克

纯牛奶100毫升

淡奶油150克

巧克力50克

● **工具**

玻璃碗

勺子

手动搅拌器

电动搅拌器

奶锅

筷子

裱花袋

冰箱

● **做法**

❶ 把黄油饼干碎装入纸杯中，用勺子压实、压平。

❷ 明胶加热成液体，倒入牛奶中，搅拌均匀，制成牛奶液。

❸ 将芝士放入大玻璃碗中，用手动打蛋器打散；倒入糖粉，继续搅拌均匀。

❹ 将牛奶分次倒入，拌匀；缓慢加入淡奶油，并搅拌均匀，制成蛋糕糊。

❺ 将巧克力隔水溶化，倒入玻璃碗中，倒入三分之一的蛋糕糊，搅拌均匀，制成巧克力糊。

❻ 将蛋糕糊和巧克力糊分别装进裱花袋中。

❼ 先将蛋糕糊挤入纸杯中，再将巧克力糊加入。

❽ 用筷子随意画出花纹，放入冰箱冷冻30分钟即可。

1　2　3　4

5　6　7　8

焦糖芝士蛋糕 容器：布丁杯

● **材料**

消化饼干80克，有盐黄油30克，细砂糖70克，淡奶油100克，奶油奶酪180克，蛋黄30克，鸡蛋1个，粟粉30克，朗姆酒5毫升

● **工具**

搅拌盆，手动搅拌器，烤箱，冰箱

● **做法**

❶ 将消化饼干放入搅拌盆中，敲碎，倒入有盐黄油搅拌至充分融合，倒入杯子中，压平，压实，放进冰箱冷冻半个小时。

❷ 将水和40克细砂糖倒入不粘锅中，煮至黏稠状，倒入淡奶油，搅拌均匀，制成焦糖酱。

❸ 取一个新的搅拌盆，倒入奶油奶酪及30克细砂糖，搅拌均匀；倒入蛋黄，搅拌均匀；倒入鸡蛋，搅拌均匀；将焦糖酱倒入，边倒边搅拌；倒入朗姆酒及淡奶油，搅拌均匀；筛入粟粉搅拌均匀，制成芝士糊。

❹ 将芝士糊倒入装有饼干的杯子中，抹平，放进预热至180℃的烤箱中烘烤约30分钟即可。

玫瑰之吻　容器：威士忌酒杯

● 材料

消化饼干碎80克，奶油奶酪250克，黄油50克，牛奶50毫升，淡奶油150克，细砂糖35克，朗姆酒10毫升，鱼胶粉25克，柠檬汁15毫升，无糖酸奶230克，雪碧300毫升，盐渍玫瑰花适量

● 工具

冰箱，电动搅拌器

● 做法

❶ 饼干碎加黄油拌匀；鱼胶粉加清水泡发。

❷ 奶油奶酪内加糖，打发至无颗粒状；倒入无糖酸奶、柠檬汁、朗姆酒，充分混合成芝士糊。

❸ 锅中倒入冷开水，烧热后加鱼胶粉，关火搅拌溶化；倒淡奶油和牛奶，搅匀；分次倒入芝士糊内，不停地搅拌。

❹ 将拌好的饼干倒杯底，压实，再倒入芝士奶糊，放冰箱冷藏；将玫瑰花用温水泡两次。

❺ 雪碧倒入碗中，加鱼胶粉，静置片刻，再隔水加热至鱼胶完全溶化，放入冰箱冷藏至浓稠。

❻ 雪碧中放入玫瑰花，搅匀，再缓缓倒入芝士奶糊杯内，放入冰箱冷藏至完全凝固即可。

奥利奥芝士蛋糕

容器：雪糕杯

香脆的奥利奥饼干搭配软嫩的芝士蛋糕，口感
丰富、有层次。

● 材料

芝士170克

糖粉35克

奥利奥饼干碎80克

明胶15克

纯牛奶70毫升

淡奶油100克

黄油、奥利奥粉末各适量

● 工具

玻璃碗

手动搅拌器

冰箱

微波炉

勺子

● 做法

❶ 取奥利奥饼干碎，倒入溶化好的黄油，搅拌均匀。

❷ 将拌匀的饼干末倒入备好的杯中，铺平，并用勺子按压紧实。

❸ 将明胶放入微波炉加热成液体，倒入牛奶中，搅拌均匀。

❹ 把芝士倒入大碗中，用手动搅拌器打散后，搅拌均匀，放入糖粉，分次加入牛奶，搅拌均匀，再缓缓倒入淡奶油，并不停地搅拌。

❺ 将打发好的芝士浆倒入杯中，抹平，放入冰箱，冷冻2小时。

❻ 取出，在表层撒上奥利奥粉末即可。

榴莲芝士蛋糕

容器：布丁杯

● 材料

饼干90克，黄油50克，芝士120克，植物奶油130克，牛奶30毫升，吉利丁片2片，细砂糖50克，榴莲肉、坚果碎各适量

● 工具

冰箱，模具，勺子，搅拌器

● 做法

❶ 将饼干放入碗中捣碎，加黄油，搅拌均匀。

❷ 把黄油饼干糊装入模具中，用勺子压实、压平。

❸ 吉利丁片放入清水中浸泡2分钟。

❹ 把牛奶倒入锅中，加入细砂糖，拌匀；加入植物奶油，搅拌均匀；放入泡软的吉利丁片，搅拌。

❺ 锅中放入适量榴莲肉，将其搅匀；加入芝士，搅拌，煮至溶化，制作成芝士浆。

❻ 将煮好的芝士浆倒入饼干糊，再放入一小块榴莲肉，将其放入冰箱中冷冻2小时至定型后取出，装饰上坚果碎即可。

蓝莓芝士蛋糕 容器：梅森杯

● 材料

饼干碎80克，吉利丁片15克，牛奶100毫升，黄油40克，淡奶油150克，芝士250克，细砂糖60克，蓝莓酱、蓝莓适量

● 工具

玻璃碗，奶锅，手动搅拌器，冰箱

● 做法

❶ 取一小碗，倒入黄油和饼干碎，搅拌、和匀；吉利丁片浸在凉开水中，泡至变软，待用。

❷ 奶锅置火上，倒入牛奶、淡奶油、芝士和细砂糖，搅匀；再放入泡软的吉利丁片，拌匀，用小火煮至溶化，制成芝士奶油。

❸ 取备好的杯子，盛入黄油饼干碎，铺开，用力填实、压平；再倒入煮好的芝士奶油，倒入杯中至七八分满。

❹ 倒入适量蓝莓酱，放入蓝莓；置于冰箱中冷冻约1小时即可。

第四章

冰品雪糕：
每一杯都是旖旎的风情

这是炎炎夏日的标准搭配，
也是儿时最甜蜜的记忆，
手捧一杯冰品雪糕，
让你冰爽一"夏"。

草莓双冰甜点

容器：鸡尾酒杯

冰爽的草莓冰沙配上香甜的草莓冰激
凌，夏日的午后来上一杯，所有的疲倦
瞬间烟消云散。

● 材料

草莓300克　　　　淡奶油150克

柠檬20克　　　　酸奶适量

蛋黄2个　　　　　白砂糖50克

冰块适量　　　　　薄荷叶适量

● 工具

奶锅

自动搅拌器

榨汁机

冰沙机

冰箱

● 做法

① 奶锅中加入20毫升清水，加入白砂糖，置火上加热。

② 将蛋黄打散调匀，缓慢加入加热好的糖浆中，边搅匀边加热，至浓稠后关火。

③ 将淡奶油打至六成发；取一半草莓放入榨汁机中打成糊，倒出后挤入柠檬汁。

④ 将草莓糊倒入蛋黄液中拌匀，再倒入打发好的淡奶油拌匀，放入冰箱冷冻室，冷冻4小时，做成草莓冰激凌。

⑤ 将剩余的一半草莓放入冰沙机中，加入冰块，按下"启动"键，搅打成冰沙。

⑥ 将冰沙装入杯中，再装入适量草莓冰激凌，配上少量薄荷叶点缀，最后淋上酸奶即可。

Tips

喜欢吃草莓的你可以多放点鲜草莓，以补充维生素C和胡萝卜素。

1

2

3

4

5

6

薄荷冰激凌

容器：马克杯

童年的夏天，藏在薄荷的清凉里。

● 材料

牛奶300毫升

植物奶油300克

蛋黄2个

薄荷汁200毫升

糖粉150克

玉米淀粉15克

● 工具

奶锅

手动搅拌器

温度计

电动搅拌器

挖球器

玻璃碗

保鲜盒

保鲜膜

冰箱

● 做法

❶ 锅中倒入玉米淀粉，加入牛奶，开小火，用手动搅拌器搅拌均匀，用温度计测温，煮至80℃关火，倒入糖粉，搅拌均匀，制成奶浆。

❷ 玻璃碗中倒入蛋黄，用手动搅拌器打成蛋黄液，备用。

❸ 待奶浆温度降至50℃，倒入蛋黄液中，拌匀，再倒入植物奶油、薄荷汁，用电动搅拌器打匀，制成冰激凌浆。

❹ 将冰激凌浆倒入保鲜盒，封上保鲜膜，放入冰箱冷冻5小时至定型成冰激凌，撕去保鲜膜，用挖球器将冰激凌挖成球状，装杯即可。

1

2

3

4

豆浆酸奶冰激凌

容器：雪糕杯

我路过小店铺的时候，它就在那里，
于是，我让它走进了我的生活里。

● 材料

牛奶300毫升

植物奶油300克

蛋黄2个

酸奶150毫升

玉米淀粉15克

熟豆浆150毫升

糖粉150克

草莓、蓝莓、薄荷各适量

● 工具

奶锅	温度计
玻璃碗	保鲜膜
手动搅拌器	电动搅拌器
保鲜盒	
挖球器	

2

3

4

● 做法

❶ 锅中倒入玉米淀粉，加入牛奶，开小火，用手动搅拌器搅拌均匀，用温度计测温，煮至80℃时关火，倒入糖粉，搅拌均匀，制成奶浆。

❷ 玻璃碗中倒入蛋黄，用手动搅拌器打成蛋黄液，备用。

❸ 待奶浆温度降至50℃，倒入蛋黄液中搅拌均匀，倒入植物奶油，搅拌均匀，制成浆汁。

❹ 另取一只玻璃碗，倒入酸奶、熟豆浆、浆汁，用电动搅拌器打匀，制成冰激凌浆；将冰激凌浆倒入保鲜盒，封上保鲜膜，放入冰箱冷冻5小时至定型；取出，撕去保鲜膜，将冰激凌挖成球状装杯，再装饰上草莓、蓝莓、薄荷即可。

巧克力冰激凌 容器：纸杯

● 材料

牛奶300毫升，糖粉150克，植物奶油300克，玉米淀粉15克，巧克力浆适量，蛋黄2个

● 工具

奶锅，手动搅拌器，温度计，玻璃碗，保鲜盒，挖球器，冰箱，保鲜膜，电动搅拌器

● 做法

❶ 锅中倒入玉米淀粉，加入牛奶，开小火，用手动搅拌器搅拌均匀，用温度计测温，煮至80℃时关火，倒入糖粉，搅匀，制成奶浆。

❷ 玻璃碗中倒入蛋黄，用手动搅拌器打成蛋黄液，备用。

❸ 待奶浆温度降至50℃，倒入蛋黄液中，搅拌均匀，倒入植物奶油搅匀；再倒入巧克力浆，用电动搅拌器打匀，制成冰激凌浆。

❹ 将冰激凌浆倒入保鲜盒，封上保鲜膜，放入冰箱冷冻5小时至定型；取出，撕去保鲜膜，将冰激凌挖成球状，装入纸杯即可。

巧克力香梨冰激凌

容器：雪糕杯

● 材料

淡奶油200克，白砂糖50克，牛奶150毫升，香梨100克，巧克力酱适量，蜂蜜适量，红酒梨1个

● 工具

水果刀，冰沙机，玻璃碗，电动搅拌器，冰箱

● 做法

① 香梨洗净切开，去皮、去核，香梨果肉倒入冰沙机中，再倒入牛奶，打成果泥。

② 将淡奶油、白砂糖混合，打发至可流动，做成奶油糊。

③ 将果泥倒入奶油糊中拌匀，放入冰箱冷冻。

④ 每隔2小时取出搅拌1次，重复此过程3~4次即可。

⑤ 将红酒梨放入杯中，冷冻30分钟。

⑥ 取出，淋上巧克力酱和蜂蜜即可。

石榴冰激凌 　容器：雪糕杯

● **材料**

牛奶300毫升，植物奶油300克，蛋黄2个，石榴汁100毫升，糖粉150克，玉米淀粉15克

● **工具**

奶锅，手动搅拌器，温度计，玻璃碗，保鲜盒，挖球器，冰箱，电动搅拌器，保鲜膜

● **做法**

❶ 锅中倒入玉米淀粉，加入牛奶，开小火，用手动搅拌器搅拌均匀，用温度计测温，煮至80℃时关火，倒入糖粉搅匀，制成奶浆。

❷ 玻璃碗中倒入蛋黄，用手动搅拌器打成蛋黄液；待奶浆温度降至50℃，倒入蛋黄液中，拌匀；再倒入植物奶油、石榴汁。

❸ 用电动搅拌器打匀，制成冰激凌浆；倒入保鲜盒中，封上保鲜膜，放入冰箱冷冻5小时至定型。

❹ 取出冻好的冰激凌，撕去保鲜膜，用挖球器挖成球状，装杯即可。

香草巧克力冰激凌 容器：威士忌酒杯

● 材料

可可粉20克，牛奶300毫升，淡奶油300克，细砂糖90克，蛋黄3个，玉米淀粉10克，白醋适量，香草精2~3滴，巧克力饼干碎适量

● 工具

奶锅，滤网，手动搅拌器，刮刀，电动搅拌器，冰箱，挖球器

● 做法

❶ 蛋黄中加玉米淀粉，用手动搅拌器搅匀；加入细砂糖和牛奶，倒入锅中小火熬制，加入可可粉，搅匀熬制浓稠；把巧克力冰激凌浆过筛，把颗粒物用刮刀碾碎；过筛后晾凉待用。

❷ 淡奶油中加30克细砂糖，几滴白醋，2~3滴香草精，用手动搅拌器打发成硬质发泡，当奶油出现明显纹路，奶油就打发好了。

❸ 把巧克力冰激凌浆和奶油混合倒入盒中放进冰箱冷冻，每半小时拿出来搅拌一次，共搅拌2~3次。放冰箱冷冻成型后，用挖球器挖出，装入铺好饼干碎的杯中，撒上可可粉即成。

酸奶冰激凌

容器：雪糕杯

简单的生活中，处处藏有惊喜。

● 材料

牛奶300毫升

植物奶油300克

蛋黄2个

酸奶100毫升

糖粉150克

玉米淀粉15克

● 工具

奶锅	手动搅拌器
电动搅拌器	玻璃碗
保鲜盒	保鲜膜
挖球器	冰箱

● 做法

❶ 锅中倒入玉米淀粉，加入牛奶，开小火，用手动搅拌器搅拌均匀，用温度计测温，煮至80℃关火，倒入糖粉，搅拌均匀，制成奶浆。

2

❷ 玻璃碗中倒入蛋黄，用手动搅拌器打成蛋黄液。

3

❸ 待奶浆温度降至50℃后倒入蛋黄液中，加入植物奶油，搅拌均匀，再倒入酸奶，用电动搅拌器打匀，制成冰激凌浆。

4

❹ 将冰激凌浆倒入保鲜盒，封上保鲜膜，放入冰箱冷冻5小时至定型。取出冻好的冰激凌，撕去保鲜膜，用挖球器将冰激凌挖成球状，装入杯中即可。

Tips

冰激凌浆倒入保鲜盒后要撇去浮沫，以保证冻出来的成品外形美观。

洛神冰激凌 容器：雪糕杯

● 材料

牛奶100毫升，淡奶油150克，柠檬汁15毫升，洛神花果酱250克，白砂糖70克

● 工具

奶锅，筛网，玻璃碗，挖球器，勺子，手动搅拌器，冰箱

● 做法

❶ 将牛奶、淡奶油和白砂糖放入锅中，熬煮至白砂糖完全溶化，制成奶油糊。

❷ 将奶油糊用筛网过滤后倒入碗中，晾凉，加入洛神花果酱和柠檬汁，搅拌均匀，冰激凌浆制成。

❸ 将冰激凌浆装入密封容器，放入冰箱冷冻，每隔2小时取出冰激凌，用勺子搅拌，此操作重复3~4次，至冰激凌变硬即可。

❹ 取出冻好的冰激凌，用挖球器将冰激凌挖成球状，放入杯中即可。

蜂蜜核桃冰激凌 容器：雪糕杯

● 材料

牛奶160毫升，核桃碎50克，淡奶油160克，蛋黄2个，格子松饼2块，夏威夷果适量，白砂糖40克，蜂蜜30克

● 工具

玻璃碗，电动搅拌器，挖球器，温度计，冰箱，手动搅拌器

● 做法

❶ 蛋黄中加入白砂糖，用电动搅拌器搅拌均匀，做成蛋黄液。

❷ 将核桃碎、牛奶和淡奶油放入锅中，煮至锅边出现小泡，即成核桃奶油糊。

❸ 将核桃奶油糊倒入蛋黄液中，加蜂蜜拌匀后倒入锅中，边加热边搅拌，至温度达到85℃时关火。过滤后，隔冰水冷却至5℃。

❹ 放入冰箱冷冻，每隔2小时取出搅拌1次，此操作重复3~4次，至冰激凌冰冻成型。

❺ 取出冻好的冰激凌，用挖球器挖成球，放入杯中，再装饰上格子松饼和夏威夷果即可。

可可冰激凌

容器：雪糕杯

可可树上可可果，可可树下你和我。好朋友会
在夏天与你一起分享美味的可可冰激凌。

● 材料

牛奶300毫升

蛋黄2个

植物奶油300克

可可粉60克

糖粉150克

玉米淀粉15克

● 工具

奶锅

手动搅拌器

温度计

玻璃碗

保鲜盒

保鲜膜

挖球器

电动搅拌器

冰箱

● 做法

❶ 锅中倒入玉米淀粉，加入牛奶，开小火，用手动搅拌器搅拌均匀，用温度计测温，煮至80℃时关火，倒入糖粉搅匀，制成奶浆。

2

3

4

❷ 玻璃碗中倒入蛋黄，用手动搅拌器打成蛋黄液，备用。

❸ 待奶浆温度降至50℃，倒入蛋黄液中，搅拌均匀；再倒入植物奶油，搅拌均匀，制成奶浆。

❹ 倒入可可粉，用电动搅拌器打匀，制成冰激凌浆；将冰激凌浆倒入保鲜盒，封上保鲜膜，放入冰箱冷冻5小时至定型后取出，撕去保鲜膜，用挖球器挖成球状装杯即可。

芒果酸奶冰沙 （容器：雪糕杯）

● 材料

芒果300克，酸奶250克，白砂糖适量

● 工具

水果刀，奶锅，手动搅拌器，冰沙机

● 做法

❶ 芒果对切开去核，去皮取肉后切成小块。

❷ 取2/3芒果肉倒入锅中，加入白砂糖。

❸ 开小火并不停搅拌，直至煮成浓稠的果酱，盛出待用。

❹ 酸奶放入冰箱冷冻成冰块，取出倒入冰沙机内打碎。

❺ 取容器倒入酸奶冰沙，浇上熬制好的果酱。

❻ 再撒上芒果肉即可。

Tips

芒果中含有蛋白质、维生素C、粗纤维等营养成分，有很好的抗氧化功能，所以能够起到延缓衰老的作用。

覆盆子浆果碎碎冰

容器：果汁杯

● 材料

覆盆子50克，草莓50克，牛奶10毫升，薄荷叶少许，冰块适量

● 工具

水果刀，冰沙机，刨冰机

● 做法

❶ 将覆盆子洗净；草莓洗净去蒂，对半切开，备用。

❷ 取冰沙机，放入大部分覆盆子、草莓，倒入牛奶。

❸ 按下"启动"键，打成奶昔状。

❹ 放入冰块，将食材打成冰沙，倒入杯中。

❺ 另取适量冰块，放入刨冰机中打成稍大的碎冰，放入冰沙杯中。

❻ 点缀上剩余覆盆子、草莓与薄荷叶即可。

百香果芒果冰沙

容器：雪糕杯

芒果搭配味道酸甜的百香果，十足的热带水果风味，不但味道清甜，还能让肌肤焕发健康光泽。

● **材料**

百香果1个

芒果1个

冰块适量

● **工具**

水果刀

冰沙机

● **做法**

❶ 洗净的芒果对半切开，划成格子，切下果肉。

❷ 把洗净的百香果对半切开，挖出果肉，装入碗中。

❸ 把芒果肉、百香果肉倒入冰沙机中。

❹ 再倒入冰块。

❺ 按下"启动"键，将食材搅打成冰沙。

❻ 将打好的冰沙倒入杯中即可。

Tips

芒果与百香果的组合，香味迷人、口感丰富。
如想提高冰沙的甜度，试试加入蜂蜜果酱。

香蕉杏仁酸奶冰沙

容器：果汁杯

杏仁润肺止咳，既是食物又是药材。这款冰沙
不仅美味消暑，还是养生佳品！

● 材料

香蕉1根

杏仁50克

酸奶40克

冰块适量

● 工具

水果刀

冰沙机

● 做法

❶ 香蕉剥皮，切成块，备用。

❷ 将香蕉块倒入冰沙机中。

❸ 放入杏仁和酸奶。

❹ 再倒入冰块。

❺ 按下"启动"键，将食材搅打成冰沙。

❻ 将打好的冰沙倒入杯中即可。

Tips

杏仁可以不用打得太碎，吃冰沙时有些许的颗粒感也是非常不错的。

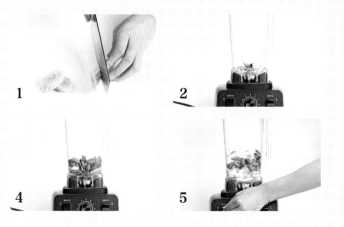

猕猴桃香蕉冰沙

容器：梅森杯

香软的香蕉搭配酸甜开胃的猕猴桃，
一杯清爽又健康的冰沙就这样诞生了。

● 材料

香蕉1根
猕猴桃1个
酸奶20毫升
蜂蜜10毫升
冰块适量
薄荷叶适量

● 工具

水果刀
冰沙机

● 做法

❶ 将香蕉去皮，切成片。

❷ 将猕猴桃洗净，去皮，切成小块。

❸ 备好冰沙机，倒入香蕉片、猕猴桃块，再加入酸奶、蜂蜜和冰块。

❹ 按下"启动"键，将食材搅打成冰沙，倒入杯中用薄荷叶点缀即可。

1

2

3

4

Tips

如果喜欢口感比较浓郁的冰沙，可以增加酸奶的用量，以增加黏稠感。

南瓜拿铁奶油冰沙

容器：梅森杯

● 材料

南瓜200克，牛奶120毫升，蜂蜜10毫升，植物淡奶油适量，盐、小糖珠各少许，冰块适量

● 工具

水果刀，蒸笼，冰沙机，电动搅拌器，玻璃碗，梅森杯，裱花袋

● 做法

❶ 南瓜去皮，切小块装碗，放蒸笼中蒸熟。

❷ 取冰沙机，倒入熟南瓜块、牛奶、盐、蜂蜜、冰块。

❸ 搅打均匀，装入杯中，做成南瓜冰沙。

❹ 用电动搅拌器将植物淡奶油打发至浪花状。

❺ 将打发的淡奶油装入裱花袋中。

❻ 将奶油挤至南瓜冰沙上，撒上小糖珠即可。

甜橙红酒冰沙

容器：鸡尾酒杯

● **材料**

橙子1个，红酒30毫升，糖5克，冰块适量

● **工具**

水果刀，冰沙机，玻璃碗

● **做法**

① 橙子去皮，切成块。

② 把糖倒入碗中，加入少许水，溶解片刻。

③ 把橙子、红酒、糖水倒入冰沙机中。

④ 再加入冰块，按启动键搅打成冰沙。

⑤ 将打好的冰沙装入杯中。

⑥ 最后点缀上橙子块即可。

牛油果冰沙

容器：果汁杯

牛油果口感滑腻，味道浓而不腻。
一杯牛油果冰沙，美味又健康。

● 材料

牛油果1个

冰块适量

● 工具

水果刀

冰沙机

● 做法

❶ 洗净的牛油果去皮、去核，切成块。

❷ 把牛油果倒入冰沙机中。

❸ 再倒入冰块。

❹ 按下"启动"键将食材搅打成冰沙，
将打好的冰沙倒入杯中即可。

1

2

3

4

Tips

想要口感更丰富，可以再加点草莓，将其切碎
后撒在冰沙上。

什锦酸奶柠檬冰沙 容器：雪糕杯

● **材料**

哈密瓜150克，南瓜丸子60克，西米露20克，酸奶100毫升，柠檬冰块适量

● **工具**

水果刀，锅，冰沙机

● **做法**

❶ 洗净的哈密瓜去皮，切成块。

❷ 锅内水开后倒入南瓜丸子煮至全部浮起，捞出，过冷水捞起。

❸ 锅内重新换入水烧开后，倒入西米露，煮10分钟，西米露晶莹剔透中间留有小白点，熄火盖上盖直至全部晶莹剔透后用清水洗净。

❹ 把哈密瓜倒入冰沙机中，淋上酸奶，再倒入柠檬冰块，按启动键搅打成冰沙，将打好的冰沙倒入杯中，点缀上西米露、南瓜丸子即可。

草莓冰沙 (容器：雪糕杯)

● 材料

草莓120克，冰块适量

● 工具

冰沙机，水果刀

● 做法

❶ 洗净的草莓去蒂，切成片。

❷ 留一片草莓片做装饰用，余下的草莓片倒入冰沙机中，再倒入冰块。

❸ 按下"启动"键，将食材搅打成冰沙。

❹ 将打好的冰沙倒入杯中，在冰沙顶端插上切好的草莓片即可。

> **Tips**
> 草莓最好洗净后再去蒂，以免残留物质渗入果肉中。

第五章

果冻布丁：
每一杯都是唯美的情调

细滑 Q 弹的口感，
醇厚而又清新的味道，
既有经典布丁，又有充满创意的新品，
每一杯都值得拥有。

香橙烤布蕾

容器：布蕾杯

口口丝滑，滋润心田。

● 材料

牛奶125毫升

淡奶油125克

细砂糖50克

全蛋液15克

蛋黄40克

橙酒12毫升

橙皮适量

● 工具

不锈钢盆

玻璃碗

奶锅

筛子

烤箱

● 做法

❶ 将淡奶油、牛奶、细砂糖先后倒入奶锅里；用小火煮至沸腾，至细砂糖完全溶化即可。

❷ 将全蛋液和蛋黄倒入搅拌盆中，搅拌均匀；将做法1中混匀的材料倒入搅拌盆中，搅拌均匀。

❸ 倒入橙酒，搅拌均匀。

❹ 将搅拌均匀的布蕾液过筛至量杯中。

❺ 倒入布蕾杯中，再将布蕾杯放在注入了热水的烤盘上，移入已预热至160℃的烤箱中层，烤约30分钟。

❻ 待时间到，取出烤好的布蕾，撒上橙皮丁即可。

> **Tips**
> 橙皮中含有维生素C、维生素A和香精油等营养成分，其味清香，有提神、理气化痰止咳、健胃除湿的作用。

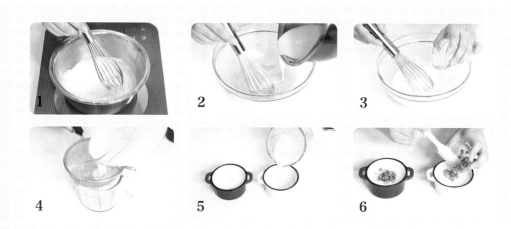

1
2
3
4
5
6

蓝莓布丁

容器：布丁杯

一款"养眼"的布丁，一段奇妙的美食之旅。

● 材料

全蛋3个

蛋黄2个

牛奶450毫升

细砂糖40克

香草粉5克

蓝莓适量

● 工具

奶锅

筛网

烤盘

烤箱

● 做法

① 奶锅置火上，倒入细砂糖和牛奶，拌匀。

② 再撒上香草粉，拌匀，略煮一会儿，至糖分完全溶化。

③ 关火后倒入全蛋和蛋黄，拌匀，待凉。

④ 将放凉后的材料用细筛网过滤两次，制成蛋奶液，待用。

⑤ 取备好的玻璃杯，放在烤盘中，摆放整齐，注入适量的蛋奶液，至六七分满，依次撒上蓝莓。

⑥ 再向烤盘中注入适量清水，至水位淹没容器的底座，待用。

⑦ 烤箱预热，慢慢地放入烤盘。关好烤箱门，以上火180℃、下火160℃的温度烤约20分钟，至食材熟透。

⑧ 断电后取出烤盘，稍稍冷却后拿出烤好的成品，食用即可。

咖啡果冻 （容器：咖啡杯）

● 材料

清水500毫升，细砂糖100克，咖啡粉20克，原味果冻粉20克，炼奶20克

● 工具

模具，手动搅拌器

● 做法

❶ 将清水倒入锅中，烧开待用。

❷ 倒入咖啡粉，搅拌均匀，关火待用。

❸ 将原味果冻粉倒入装有细砂糖的碗中，开火，将细砂糖、原味果冻粉一起倒入锅中，快速拌匀，关火。

❹ 将煮好的咖啡果冻水倒入模具中，放凉后放入冰箱冷藏1小时至成型；取出模具，把盘子扣在模具上，再将盘子反转过来，即可倒出咖啡果冻。

❺ 淋上炼奶即可。还可根据个人喜好将果冻切成小块再泡入凉咖啡中食用。

芒果布丁 容器：布丁杯

● 材料

芒果丁500克，淡奶油100克，牛奶100毫升，砂糖60克，明胶粉10克，芒果酱适量，柠檬汁适量

● 工具

量杯，不锈钢盆，冰沙机

● 做法

❶ 将一半芒果丁和淡奶油倒入量杯中，用冰沙机打成泥状，制成芒果淡奶油酱，倒出。

❷ 加入少许柠檬汁，拌匀。

❸ 将牛奶加热至80℃，加入砂糖，拌至溶化。

❹ 将水和明胶粉调匀，倒入热牛奶中。

❺ 混合的热牛奶倒入芒果淡奶油酱中，拌至溶化。

❻ 倒入杯中，至九分满，震平后放入冰箱冷藏至凝固。

❼ 取出冷藏好的布丁，放上剩余的芒果丁即可。

Tips

芒果切丁后可加少许糖和柠檬汁拌匀，以防变色，也可以加些君度酒拌匀。

椰子奶冻 （容器：梅森杯）

- ● **材料**

  牛奶135毫升，淡奶油95克，吉利丁片2片，椰浆60毫升，绵细砂糖35克

- ● **工具**

  玻璃碗，奶锅，手动搅拌器

- ● **做法**

  ❶ 把吉利丁片放入冰水里，浸泡15分钟左右至软后捞出挤净水分备用。

  ❷ 牛奶装进较大的容器里，加入淡奶油、椰浆、绵细砂糖拌匀。

  ❸ 入锅，隔水加热至溶化；混合椰奶液的温度为50℃左右；放入泡好的吉利丁片，搅拌至溶化关火。

  ❹ 入冰箱冷藏至凝固即可。

> **Tips**
>
> 椰汁含有丰富的钾、镁等矿物质，对补充矿物质有益。
>
>

桂花杏仁豆腐 容器：威士忌酒杯

● 材料

甜杏仁50克，琼脂3克，冰糖20克，纯牛奶200毫升，砂糖10克，鱼胶粉3克，桂花糖适量

● 工具

玻璃碗，冰沙机，滤网，奶锅，冰箱

● 做法

❶ 甜杏仁用热水浸泡至起皮，将皮剥除。

❷ 将适量的清水、甜杏仁倒入冰沙机内，将其打成杏仁汁后滤去杂质。

❸ 琼脂装入碗中加入少许清水泡软，再一起倒入锅中，加入砂糖后加热煮至溶化。

❹ 再倒入杏仁汁和牛奶，关火后搅拌均匀。

❺ 锅中注冷开水烧热，倒入泡发的鱼胶粉、冰糖，搅拌至完全溶化，关火放凉。

❻ 将杏仁奶倒入杯中，放冰箱至凝固；桂花糖倒入鱼胶汁内，搅拌匀后倒入杏仁奶上面，放置完全凝固，这样循环3次即可。

抹茶豆乳杯 （容器：布丁杯）

● **材料**

蛋黄4个，细砂糖70克，低筋面粉40克，玉米淀粉20克，无糖豆浆400毫升，奶油芝士100克，淡奶油100克，抹茶粉20克，鱼胶粉5克

● **工具**

玻璃碗，手动搅拌器，电动搅拌器，筛子，平底锅，裱花袋，冰箱

● **做法**

❶ 蛋黄、细砂糖装碗，用手动搅拌器拌至颜色变淡，筛入低筋面粉、玉米淀粉，拌匀；分4次加入热豆浆，拌至顺滑后倒入锅内，小火炒黏稠。

❷ 软化的奶油芝士用电动搅拌器打至蓬松，分次倒入炒好的蛋液，搅拌至浓稠可拉丝的糊状；将拌好的豆乳奶酪倒入裱花袋内，待用。

❸ 鱼胶粉泡发；热锅注凉开水烧热，倒入鱼胶粉，拌至溶化；淡奶油倒入碗中，放糖，打发至鸡尾状后倒入鱼胶液，拌匀；再倒入部分的抹茶粉，搅拌均匀制成抹茶慕斯后倒入裱花袋内。

❹ 将抹茶慕斯挤入杯底一层，挤上一层豆乳奶酪；再挤上一层抹茶慕斯，挤上一层豆乳奶酪，放入冰箱冷藏至慕斯凝固即可。

桃花布丁 容器：布丁杯

● 材料

鱼胶粉10克，淡奶油100克，无糖酸奶60克，红石榴糖浆120毫升，柠檬汁20毫升，黄桃170克

● 工具

玻璃碗，奶锅，水果刀，手动搅拌器，冰箱

● 做法

❶ 将鱼胶粉放入20毫升的冷开水内，充分拌匀泡发；淡奶油与酸奶倒入碗中，搅拌均匀。

❷ 锅中倒入360毫升的清水，再倒入红石榴糖浆，加热至冒热气后加入泡发好的鱼胶粉。

❸ 待鱼胶完全溶化，倒入柠檬汁，混合匀成果冻液分成两份，一份倒入容器内；剩下的果冻液倒入调好的奶油内，搅拌均匀，制成奶冻液。

❹ 先将果冻液倒满杯子的1/3，放冰箱冷冻成型，再倒入奶冻液，重复此步骤。

❺ 黄桃切薄片，吸去水分，将黄桃片从大到小一字叠排，再卷起以花的形状摆放在奶冻上；将多余的果冻液浇上，至淹没黄桃即可。

香蕉双层布丁

容器：玻璃杯

明晃晃的色调似阳光一般温暖，但它分明是冷藏过的甜点，轻轻舀一勺，放进嘴里，让所有的香浓柔滑交汇于舌尖之上，妙不可言。

● 材料

香蕉奶酪浆部分：
纯牛奶150毫升
香蕉果肉50克
细砂糖15克
植物鲜奶油25克
吉利丁片2片

布丁浆部分：
纯牛奶150毫升
植物鲜奶油25克
蛋黄2个
细砂糖15克
吉利丁片2片

● 工具

玻璃杯
玻璃碗
搅拌器
勺子
奶锅

● 做法

❶ 将吉利丁片放入冷水中，浸泡4分钟至软化。

❷ 取一玻璃碗，放入香蕉果肉，用勺子捣碎，制成香蕉泥。

❸ 锅中倒入纯牛奶、细砂糖；用小火加热，搅拌至细砂糖溶化。

❹ 将泡软的吉利丁片捞出并挤干水分，将吉利丁片放入锅中，搅拌至溶化；放入香蕉泥，拌匀；加入植物鲜奶油，搅拌至溶化后关火，香蕉奶酪浆制成。

❺ 取玻璃杯，倒入香蕉奶酪浆至六分满，放入冰箱冷藏30分钟至凝固。

❻ 锅中倒入纯牛奶、细砂糖，用小火加热，搅拌至细砂糖溶化。

❼ 将泡软的吉利丁片捞出，并挤干水分，将吉利丁片放入锅中，搅拌至溶化；加入蛋黄，快速拌匀；倒入植物鲜奶油，拌匀后关火，制成布丁浆。

❽ 取出冷藏好的香蕉奶酪浆，倒入煮好的布丁浆至七八分满，放入冰箱冷藏30分钟至成型后取出即可。

水果与珍珠

容器: 香槟酒杯

● 材料

香槟200毫升，鱼胶粉5克，细砂糖30克，蓝莓、覆盆子各适量

● 工具

玻璃碗，手动搅拌器

● 做法

❶ 香槟放至常温；鱼胶粉放入适量冷水内浸泡开；锅中倒入少许冷开水，放入细砂糖后搅拌至溶化。

❷ 倒入泡发的鱼胶粉，充分搅拌融合，成果冻液。

❸ 将香槟倒入杯中，再将果冻液沿着杯子边沿缓缓倒入香槟内，并轻轻搅拌；倒出少许果冻液，用手动搅拌器将其打成绵密的泡沫状。

❹ 调好的香槟液内倒入覆盆子、蓝莓，再隔冰水搅拌至浓稠，倒入容器内。

❺ 将打好的泡沫附在上面，放冰箱冷藏至完全凝固即可。

巧克力平安夜　容器：雪糕杯

● 材料

巧克力奶酪浆部分：纯牛奶150毫升，植物淡奶油25克，可可粉10克，巧克力果膏适量，细砂糖15克，吉利丁片2片

布丁浆部分：纯牛奶150毫升，植物淡奶油、细砂糖、吉利丁片各适量

● 工具

玻璃碗，不锈钢盆，手动搅拌器

● 做法

❶ 锅中倒入纯牛奶、细砂糖，小火拌至糖溶化。

❷ 吉利丁片用冷水泡4分钟至软化，挤干水分放锅中，拌至溶化；倒入植物淡奶油，拌匀成布丁浆，倒入雪糕杯至五分满，放入冰箱冷藏30分钟至凝固。

❸ 锅中倒入纯牛奶、细砂糖；小火加热，搅拌至糖溶化；吉利丁片用冷水泡4分钟至软化，挤干水分放锅中，拌至溶化。

❹ 倒入可可粉，拌匀；加入巧克力果膏，拌匀；倒入植物淡奶油，搅拌至溶化，制成巧克力奶酪浆，倒入已成型的布丁杯中，冷藏至凝固。

❺ 取出，倒入煮好的布丁浆至满，再次放入冰箱冷藏30分钟至成型后取出即可。

焦糖布丁 容器：布丁杯

● 材料

淡奶油140克，牛奶70毫升，蛋黄3个，细砂糖35克，热水适量，清水适量

● 工具

筛网，量杯，玻璃碗，搅拌器，烤箱，奶锅

● 做法

❶ 将奶锅放在电磁炉上，倒入淡奶油；注入牛奶，加入15克细砂糖，小火加热至冒热气。

❷ 倒入搅拌盆中，放置10分钟；倒入蛋黄，搅拌均匀，制成布丁液；把布丁液过滤一次；将过滤好的布丁液倒入布丁杯中。

❸ 将布丁杯放入烤盘中，放入烤箱内，在烤盘里注入少许热水；以上、下火160℃烤30分钟，取出。

❹ 将洗净的奶锅放在电磁炉上，倒入剩余的细砂糖；加入少许清水，小火煮成焦糖，关火，将焦糖淋在布丁杯中即可。

莫吉托女孩 〔容器：果汁杯〕

● 材料

气泡水200毫升，鱼胶粉5克，朗姆酒15毫升，细砂糖35克，薄荷叶6片

● 工具

玻璃碗，滤网，手动搅拌器

● 做法

❶ 鱼胶粉放入少许清水，搅拌泡发。

❷ 将50毫升水倒锅中，加朗姆酒、细砂糖、薄荷叶3片，小火加热搅拌至溶化。

❸ 待加热至冒热气后用过滤网滤出，放入泡发的鱼胶粉，充分搅拌均匀。

❹ 将搅拌好的液体沿着杯子边沿倒入，然后倒入气泡水，慢慢搅拌均匀制成果冻液。

❺ 取部分果冻液装入另一个碗中，用手动搅拌器将其打成绵密的泡沫，备用。

❻ 将剩余的薄荷叶放入果冻液内，隔冰水搅拌至浓稠，分装入容器内，将打好的泡沫附在上面，放入冰箱冷藏至完全凝固即可。

草莓双色布丁 容器：布丁杯

● 材料

奶酪浆部分：炼奶20克，纯牛奶150毫升，细砂糖15克，植物鲜奶油25克，吉利丁片1片

草莓浆部分：纯牛奶150毫升，草莓果酱30克，细砂糖15克，植物鲜奶油25克，吉利丁片1片

● 工具

玻璃碗，手动搅拌器，不锈钢盆

● 做法

❶ 将吉利丁片泡软；锅中倒入纯牛奶、细砂糖，小火加热，拌至糖溶化，倒入炼奶。

❷ 挤干一片吉利丁片的水分，放入锅中，搅拌至溶化；加入植物鲜奶油，搅拌均匀后关火，制成奶酪浆。取一个杯子，倒入奶酪浆，放入冰箱冷藏30分钟，备用。

❸ 将吉利丁片泡软；锅中倒入纯牛奶、细砂糖，小火加热，拌至糖溶化。将泡软的吉利丁片挤干水分，放入锅中，搅拌至溶化，关火；倒入植物鲜奶油，拌匀；加入草莓果酱，搅拌均匀，制成草莓浆。

❹ 取出冷藏好的奶酪浆，倒入草莓浆，冰箱冷藏30分钟至其成型，在上面装饰上草莓即可。

巧克力双色布丁 容器：玻璃杯

● 材料

巧克力奶酪浆：纯牛奶150毫升，细砂糖15克，巧克力果膏30毫升，可可粉5克，植物鲜奶油25克，吉利丁片2片

布丁浆：纯牛奶150毫升，细砂糖15克，植物鲜奶油25克，吉利丁片2片

● 工具

玻璃碗，手动搅拌器，不锈钢盆

● 做法

❶ 吉利丁片用冷水泡软；锅中倒入纯牛奶、细砂糖，小火加热至糖溶化；将泡软的吉利丁片捞出并挤干水分，放入锅中，搅拌至溶化；倒入可可粉，拌匀；倒入巧克力果膏，拌匀；倒入植物鲜奶油，拌至溶化，制成巧克力奶酪浆；倒入玻璃杯至六分满，冷藏30分钟至凝固。

❷ 吉利丁片用冷水泡软；锅中倒入纯牛奶、细砂糖，小火加热至糖溶化；将泡软的吉利丁片捞出并挤干水分，放入锅中，搅拌至溶化；倒入植物鲜奶油，拌匀后关火，布丁浆制成。

❸ 取出冷藏好的巧克力奶酪浆，倒入煮好的布丁浆至七八分满，再次放入冰箱冷藏30分钟至成型后取出即可。

木瓜布丁

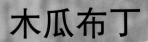

如果有人觉得木瓜味道淡，不好吃，一定是因为他没吃过这款木瓜布丁，没有感受过浓浓的木瓜醇香。

● 材料

木瓜块150克

牛奶150毫升

西米30克

明胶粉15克

开水少许

细砂糖50克

● 工具

榨汁机

奶锅

保鲜膜

● 做法

❶榨汁机装上搅拌刀座，开盖，倒入木瓜块。

❷加入牛奶，盖上盖，启动榨汁机，榨约30秒成木瓜牛奶。

❸取一个杯子，倒入木瓜牛奶，待用。

❹一碗适量开水中倒入明胶粉，搅拌均匀。

❺锅中注水烧开，将西米煮约20分钟，煮好后，浸在凉开水中待用；奶锅中倒入木瓜牛奶，小火加热。

❻加入溶化好的明胶，搅拌均匀，倒入细砂糖，搅拌均匀至溶化，制成布丁汁；备一个杯子，倒入布丁汁和西米，拌匀、放凉；放凉后封上保鲜膜放入冰箱冷藏3小时至定型，取出成型的布丁，撕开保鲜膜，再用一些木瓜装饰即可。

> **Tips**
>
> 溶化明胶时如果出现结块，可用勺子按压一下再搅拌。
>
>

第六章

慕斯蛋糕：
每一杯都是美妙的享受

经典的慕斯蛋糕，
清新丝滑的口感，
一道必不可少的西式甜点，
味道经得起时间的考验。

活力金橘慕斯 容器：梅森杯

● 材料

金橘2个，蜂蜜40克，吉利丁片2片，君度橙酒少许，淡奶油100克，温水少许

● 工具

玻璃碗，冰沙机，电动搅拌器

● 做法

❶ 把吉利丁片用冷水泡软，泡软后隔水加热至溶化，稍微放凉后备用。

❷ 金橘去掉皮取果肉，一半放入冰沙机搅拌成果泥待用，另一半切成片，待用。

❸ 淡奶油用电动搅拌器打至五分发，放金橘果泥、泡软的吉利丁片、一匙君度橙酒、蜂蜜，制成金橘慕斯层，放入梅森杯。

❹ 点缀金橘片，放在冰箱冷藏2小时即可食用。

热带风情芒果慕斯 （容器：梅森杯）

● 材料

黄油饼干碎80克，牛奶500毫升，砂糖50克，芒果泥100克，淡奶油100克，吉利丁片适量，芒果粒少许，蓝莓少许，薄荷叶少许

● 工具

手动搅拌器，电动搅拌器，裱花袋

● 做法

❶ 将牛奶和砂糖放入锅中，用电磁炉加热至砂糖溶化，即将沸腾前关火。

❷ 软化好的吉利丁片沥干水分，放入牛奶中，搅拌均匀，倒入备好的芒果泥中，搅拌至呈细滑的糊状。取备好的布丁杯子，盛入黄油饼干碎，铺开，用力填实、压平，待用。

❸ 部分淡奶油打至六分发，即稍稍流动状；将其分3次加入芒果糊中，拌匀，装入裱花袋，注入布丁杯里，放进冰箱冷藏2小时，取出。

❹ 打发余下的淡奶油，装入裱花袋中；将裱花袋中的淡奶油挤入杯口，点缀上芒果粒、蓝莓、薄荷叶即可。

浓情巧克力慕斯 容器：雪糕杯

● 材料

牛奶100毫升，蛋黄2个，黑巧克力150克，植物鲜奶油250克，细砂糖20克，鱼胶粉8克，水30毫升，饼干90克，黄油15克，巧克力屑适量

● 工具

玻璃碗，勺子，擀面杖，冰箱

● 做法

❶ 将饼干在碗中用擀面杖捣碎，加黄油拌匀。

❷ 将饼干糊装入杯中，用勺子压实、压平。

❸ 把水倒入锅中，加入鱼胶粉、牛奶、细砂糖，搅匀，用小火煮至溶化。

❹ 放入黑巧克力，搅拌，煮至溶化；加植物鲜奶油，拌匀；加入蛋黄，拌匀，制成慕斯浆。

❺ 把慕斯浆倒入装有饼干糊的杯子中，制成慕斯蛋糕生坯。

❻ 最后撒上巧克力屑，放入冰箱，冷冻2小时即可。

白桃红茶慕斯杯 　容器：果汁杯

● 材料

红茶慕斯：细砂糖250克，淡奶油200克，牛奶100毫升，伯爵红茶6克，海盐2克，吉利丁片10克

白桃冻：白桃2个，柠檬汁5毫升，鱼胶粉8克，白砂糖20克，冷开水适量

海盐奶盖：淡奶油250克，鲜奶75毫升，海盐3克，糖粉10克，马斯卡彭芝士适量

● 工具

电动搅拌器，冰箱，冰沙机

● 做法

❶ 吉利丁片用冷水泡软；牛奶加热，加一半糖，不停搅成咖啡色黏稠状；倒入红茶，搅拌至茶叶泡发后再滤出奶茶浆，放入吉利丁片、海盐，搅匀。

❷ 淡奶油内加细砂糖，打发至鸡尾状，与奶茶浆搅拌成慕斯液，倒入容器，放冰箱冷藏。

❸ 桃子去皮核，加柠檬汁，用冰沙机打成泥。

❹ 鱼胶粉倒少许水泡发；冷开水倒入锅中烧热，倒入白砂糖，溶化后加鱼胶粉，充分搅拌；将煮好的糖浆放凉后倒入桃子泥内，拌匀。

❺ 将奶盖的材料放盆中，用电动搅拌器打5分钟；将白桃泥倒在红茶慕斯上，放入冰箱冷藏至凝固，再缓缓倒入芝士奶盖即可。

草莓牛奶慕斯蛋糕

容器：雪糕杯

酸甜清新的草莓搭配上丝滑的牛奶慕斯，这味道让人如何拒绝？

● 材料

淡奶油260克
牛奶125毫升
蛋糕坯2片
切片草莓适量

蛋黄25克
明胶15克
糖粉35克
薄荷叶适量

● 工具

玻璃碗
手动搅拌器
冰箱
微波炉

● 做法

❶ 取牛奶放微波炉加热至80℃，将溶化好的明胶倒入牛奶中，拌匀，备用。

❷ 将蛋黄放入玻璃碗中，加入牛奶液。

❸ 将淡奶油冷藏后，取出，加入糖粉打发。

❹ 再将蛋黄牛奶液分3次倒入。

❺ 取切片草莓沿着放有蛋糕坯的杯具壁整齐摆放一圈。

❻ 倒入蛋糕浆；放入冰箱冷冻30分钟至成型，取出点缀薄荷叶即可。

Tips
蛋糕浆倒进模具中后，可以在桌面上轻震一下，以震
平蛋糕浆，使冻出来的蛋糕表面更平滑、好看。

1   2   3

4   5   6

凤梨慕斯蛋糕

容器：雪糕杯

凤梨中含有丰富的B族维生素、维生素C等营养
成分，能够帮助润肤美白，美味又养颜。

● 材料

酸奶200毫升

凤梨片120克

细砂糖50克

淡奶油120克

明胶15克

朗姆酒5毫升

牛奶90毫升

● 工具

玻璃碗

微波炉

电动搅拌器

冰箱

● 做法

❶ 锅中放入凤梨片和细砂糖及朗姆酒，加热至糖溶化，大火将水分收干后关火。

❷ 牛奶加热30秒，倒入玻璃碗中，加入细砂糖，搅拌均匀；倒入酸奶，搅拌均匀，制成牛奶液。

❸ 明胶放入微波炉中加热液化，倒入牛奶液中，制成牛奶浆。

❹ 打发淡奶油。

❺ 将牛奶浆倒入，搅拌均匀。

❻ 将蛋糕浆倒入杯中，放入冰箱冷藏25分钟至成型；取出蛋糕浆，放上煮好的凤梨片，即可食用。

> **Tips**
> 将凤梨片打成泥状再与细砂糖和朗姆酒同煮制，口感会更滑一些。

1

2

3

4

5

6

香蕉慕斯蛋糕 （容器：纸杯）

● 材料

香蕉200克，糖35克，柠檬汁5毫升，牛奶75毫升，吉利丁片6克，淡奶油135克，君度酒5毫升，蛋黄1个，原味蛋糕1块，核桃碎、香蕉各适量

● 工具

玻璃碗，手动搅拌器，冰沙机，裱花袋，冰箱

● 做法

❶ 吉利丁片用冷水泡软。

❷ 蛋黄、糖放入盆中拌匀，加牛奶拌匀后隔水加热，拌至浓稠；加入泡好的吉利丁片拌至溶化，再隔冰水冷却至35℃，制成蛋黄糖浆。

❸ 香蕉去皮，放入冰沙机内打成泥，倒入碗中，加入柠檬汁，拌匀；再倒入君度酒，拌匀，倒入步骤2中的蛋黄糖浆，搅拌均匀，备用。

❹ 然后将淡奶油打至六成发，加入香蕉馅料中，拌匀；把蛋糕坯放入纸杯中，再把做好的慕斯馅料装入裱花袋，挤入杯具中，抹平。

❺ 装饰上核桃碎、香蕉，再放入冰箱冷藏至凝固即可。

热情坚果慕斯蛋糕 容器：雪糕杯

● 材料

原味酸奶250克，淡奶油185克，糖粉40克，柠檬汁10毫升，吉利丁片10克，坚果适量，手指饼干适量

● 工具

玻璃碗，手动搅拌器，电动搅拌器，长柄橡皮刮刀，冰箱

● 做法

❶ 吉利丁片用冷水泡软；酸奶加糖粉拌匀。

❷ 将泡软的吉利丁片和凉开水一起隔水加热，并搅拌使其充分溶化成液体；倒入酸奶中，搅拌均匀；再加入柠檬汁搅拌均匀，放入冰箱冷藏一会儿使其有一定的稠度。

❸ 淡奶油倒入盆中，用电动搅拌器沿一个方向中速到高速打发。

❹ 将冰箱冷藏后有一点稠度的酸奶倒入淡奶油中，用刮刀翻拌均匀，手指饼干掰成几段，放在杯底；倒上一层酸奶糊，放上一片手指饼干，再倒上酸奶糊，放入冰箱冷藏4小时即可。最后在杯子上撒上一层坚果即可。

提子慕斯蛋糕

提子与慕斯的巧妙搭配，成就了一道夏日必备的经典甜品，快来尝尝吧！

● **材料**

淡奶油260克　　　蛋黄25克

牛奶150毫升　　　明胶粉10克

蛋糕坯2片　　　　糖粉35克

切半提子150克

● **工具**

手动搅拌器

玻璃碗

冰箱

微波炉

● **做法**

❶ 牛奶放微波炉加热至80℃，再倒入溶化好的明胶，搅拌均匀，待凉备用。

❷ 将蛋黄放入玻璃碗中，加入牛奶液；将淡奶油冷藏后，取出，加入糖粉打发。

❸ 将蛋黄牛奶液分3次倒入打发的淡奶油中。

❹ 雪糕杯中放入一片蛋糕坯，倒入一半的蛋糕浆。

❺ 再放一片蛋糕坯，倒入剩余蛋糕浆。

❻ 放入冰箱冷冻30分钟至成型，取出，放上切好的提子，即可食用。

Tips

提子放入蛋糕中时，表层的水分应尽量擦干，
否则会影响蛋糕的保存时间。

1

2　3

4　5

6

抹茶提拉米苏 [容器：雪糕杯]

● 材料

海绵蛋糕：鸡蛋、糖粉各60克，盐2克，黄油75克，牛奶10毫升，低筋面粉110克，泡打粉4克

提拉米苏：蛋黄2个，细砂糖55克，马斯卡彭芝士250克，淡奶油180克，抹茶粉、糖粉各15克，牛奶50毫升

● 工具

奶锅，烘焙纸，烤箱，电动搅拌器

● 做法

❶ 牛奶、黄油在奶锅中加热至黄油溶化；低筋面粉内加泡打粉、盐，搅匀；鸡蛋加糖粉，电动打发至乳白色；分次加入拌好的粉类，充分搅匀；分次加入牛奶，搅匀，制成蛋糕液。

❷ 烤盘上铺烘焙纸，倒蛋糕液抹平，预热好烤箱，以上火170℃、下火150℃烤20分钟。

❸ 蛋黄加糖粉，高速打发浓稠；另起锅加50毫升水和55克细砂糖，加热溶化为糖浆；将糖浆和蛋黄混合高速打发，拌入打发蓬松的芝士内，倒入打至六分发的淡奶油、牛奶、抹茶粉，混合均匀，制成提拉米苏糊。

❹ 将蛋糕摆入容器底部，倒入提拉米苏糊，冷藏30分钟即可。

树莓慕斯蛋糕 容器：布丁杯

● 材料

细砂糖10克，牛奶80毫升，树莓200克，吉利丁片15克，淡奶油280克，朗姆酒5毫升，饼干90克，薄荷叶少许

● 工具

玻璃碗，奶锅，手动搅拌器，冰箱，擀面杖，电动搅拌器，模具

● 做法

❶ 饼干倒入碗中，用擀面杖捣碎；把软化的吉利丁片、细砂糖和牛奶倒入玻璃容器中隔水加热，搅拌均匀。

❷ 离火加入树莓搅拌均匀制成慕斯淋面，把慕斯淋面过筛备用。

❸ 把淡奶油用电动搅拌器打至六成发，倒入慕斯淋面翻拌均匀，再加入朗姆酒继续拌均匀。

❹ 倒进模具里并震荡排除气泡，放入冰箱冷藏3小时以上；冻好后取出蛋糕，用薄荷叶和树莓等进行装饰即可。

蔓越莓慕斯 容器：梅森杯

● 材料

蛋黄20克，糖60克，牛奶85毫升，吉利丁片5克，冷冻蔓越莓100克，柠檬汁8毫升，朗姆酒6毫升，打发淡奶油135克，酸奶35克，蛋糕体、蔓越莓干、糖粉各适量

● 工具

玻璃碗，手动搅拌器，保鲜膜，切刀，冰箱，模具

● 做法

❶ 将蛋黄加糖拌匀，加牛奶隔水加热，快速搅拌至浓稠；加入泡软的吉利丁片，拌至溶化；加酸奶，拌匀；隔冰水降至温热，备用。

❷ 将冷冻蔓越莓加糖粉，隔水加热至糖溶化；将做法1的蛋黄液分次倒入打发的淡奶油中，拌匀，加入蔓越莓拌匀，再依次加入柠檬汁、朗姆酒，拌匀，做成慕斯馅儿。

❸ 取一个模具用保鲜膜封好，倒入一半慕斯馅儿，抹平，放上小一圈的蛋糕体。

❹ 倒入余下的慕斯馅抹平，再放一片大的蛋糕体，盖上保鲜膜，冻两个小时至凝固；取出，将慕斯切块，放入梅森杯，放上蔓越莓即可。

优格慕斯 （容器：慕斯杯）

● 材料

慕斯A：蛋黄20克，细砂糖40克，吉利丁片5克，乳酪150克，淡奶油70毫升

慕斯B：草莓果泥100克，细砂糖60克，吉利丁片5克

慕斯C：芒果果泥100克，细砂糖60克，吉利丁片5克，草莓、蓝莓各适量

● 工具

玻璃碗，手动搅拌器，长柄刮板、面粉筛

● 做法

❶ 慕斯A：将乳酪、淡奶油、细砂糖、蛋黄和软化后的吉利丁片隔水加热搅拌均匀，过筛好后倒入慕斯杯中；把蛋糕坯裁成与慕斯杯同等大小的薄片并铺入杯中。

❷ 慕斯B：将草莓果泥、细砂糖和软化后的吉利丁片隔水加热搅拌均匀，倒入慕斯杯；把慕斯A再铺一层。

❸ 慕斯C：把芒果果泥、细砂糖和软化后的吉利丁片隔水加热搅拌均匀，倒入杯中静置15分钟。

❹ 装饰上打发好的奶油、草莓和蓝莓，即可享用。

小熊提拉米苏 〔容器：纸杯〕

● 材料

蛋黄2个，蜂蜜30毫升，细砂糖30克，芝士250克，淡奶油120克，蛋糕1片，可可粉、巧克力各适量

● 工具

玻璃碗，手动搅拌器，电动搅拌器，奶锅，冰箱，裱花袋

● 做法

❶ 在碗中将芝士打散后加入细砂糖拌匀；加入蛋黄搅拌均匀，加入预热好的蜂蜜搅拌。

❷ 打发淡奶油，加入芝士糊中拌匀，装入裱花袋中。

❸ 用裱花袋把芝士糊挤入杯中约至三分满；加入蛋糕，倒入剩下的芝士糊约至八分满，移入冰箱冷冻半小时以上。

❹ 取出冻好的提拉米苏，撒上可可粉，用巧克力与剩下的淡奶油在表面装饰出小熊即可。

法式蒙布朗 容器：雪糕杯

● 材料

饼干底：消化饼干碎40克，黄油25克，柠檬皮屑适量

咖啡慕斯：淡奶油80克，糖粉30克，鱼胶粉10克，浓缩咖啡5克

栗子酱：糖炒栗子肉140克，淡奶油180克，香草荚1根，白兰地5毫升，焦糖栗子1颗

● 工具

裱花袋，擀面杖，冰沙机，电动搅拌器，冰箱

● 做法

❶ 将饼干碎与柠檬皮屑、软化的黄油拌匀。

❷ 香草荚对切开，将籽刮入锅内，倒入白兰地，搅匀煮10分钟；栗子肉倒入另一锅中，加淡奶油、煮好的香草白兰地液，小火加热；煮好后放凉，倒入冰沙机打成泥，装入裱花袋。

❸ 淡奶油加糖粉，完全打发。

❹ 鱼胶粉加少许水泡发；锅内倒冷开水加热，放鱼胶粉煮至溶化，后关火，倒入浓缩咖啡拌匀；倒入打发好的奶油内，拌匀成咖啡慕斯。

❺ 饼干碎装入容器底部，挤上咖啡慕斯，冷藏凝固，再挤上栗子泥；将焦糖栗子装饰在甜点顶部即可。

第七章

综合甜点：
每一杯都是生活的礼赞

果茶、咖啡、奶茶等不仅是美味的小甜品，
还是生活的调味剂，
在忙碌的工作之余给自己做一杯舒缓疲惫的甜品，
注入重新启航的动力。

杏仁酸奶麦片 容器：雪糕杯

- ● **材料**

  酸奶100克，杏仁26克，
  麦片50克，其他坚果及
  蓝莓适量

- ● **工具**

  奶锅

- ● **做法**

  ❶ 在奶锅里加适量的清水，煮开。

  ❷ 加入麦片和剥壳的杏仁煮3分钟。

  ❸ 煮好后取出，盛入杯中。

  ❹ 倒入酸奶，放上坚果、蓝莓装饰即可。

> **Tips**
> 可以再加入几颗没煮的杏仁一起搅拌
> 一下，即可食用。

木瓜皂角银耳羹 容器：布丁杯

● 材料

皂角银耳羹汤料包1/2包
（皂角米、银耳、枸杞、
冰糖），木瓜块200克，
水900毫升

● 工具

奶锅，长柄汤勺

● 做法

❶ 皂角米泡发12小时，银耳泡发30分钟，枸杞泡发10分钟，泡好后分别沥干水分，装盘。

❷ 锅中注入清水，放入泡好的皂角米和银耳；加盖，用大火煮开后转小火煮100分钟至食材有效成分析出。

❸ 揭盖，放入木瓜块，搅匀；加盖，续煮10分钟至木瓜块微软。

❹ 揭盖，放入冰糖和泡好的枸杞，搅拌均匀。加盖，续煮10分钟至汤品入味。揭盖，关火后盛出煮好的甜汤，装杯即可。

星空富士山 （容器：酒杯）

● 材料

红豆层： 红豆100克，细砂糖25克，寒天粉28克

牛奶层： 鲜奶100毫升，寒天粉8克

浅青层： 开水165毫升，寒天粉13克，白砂糖15克，色素（孔雀蓝色）少许

靛紫层： 开水300毫升，寒天粉20克，白砂糖20克，色素（孔雀蓝+正红色）少许

● 工具

奶锅，手动搅拌器，冰箱

● 做法

❶ 红豆浸泡好后倒入锅中，加水，煮熟。

❷ 待豆皮都开裂软烂，放入细砂糖，搅拌续煮10分钟入味。

❸ 放入寒天粉，搅拌均匀后放凉片刻，倒入容器底部。

❹ 牛奶倒入锅中加热，放入寒天粉，搅拌溶化后，倒在红豆上一层。

❺ 开水加入寒天粉、白砂糖，搅拌均匀；加入少许色素（孔雀蓝色），倒入杯中。

❻ 开水加入寒天粉、白砂糖，搅拌均匀；加入少许色素（孔雀蓝+正红色），倒入杯中静置，放入冰箱冷冻25分钟后取出，即可。

风味抹茶双薯泥　容器：威士忌酒杯

● 材料

红薯100克，糯米粉50克，土豆80克，抹茶粉5克，盐0.5克，牛奶80毫升，黄油、砂糖各10克

● 工具

保鲜袋，微波炉，奶锅，高压锅，手动搅拌器，擀面杖，勺子

● 做法

❶ 红薯去皮、切块，装入保鲜袋，入微波炉，高火3分钟，用擀面杖压成泥。

❷ 加入糯米粉，充分拌匀，入锅隔水蒸10分钟，制成红薯泥。

❸ 土豆去皮切成小丁，用碗盛装，放入高压锅隔水蒸到熟烂；用勺子将土豆压成泥，加入盐、牛奶、黄油、砂糖，并搅拌至黄油充分化开。

❹ 另取牛奶，加抹茶粉搅拌均匀，再把土豆泥加抹茶汁拌匀；先将抹茶泥放入杯中，再放入红薯泥，依次循环放入杯子至七八分满即可。

双皮奶 （容器：瓷杯）

- ● **材料**

  全脂牛奶200毫升，鸡蛋
  1个，细砂糖适量，蜜豆
  适量

- ● **工具**

  蒸锅，奶锅，小碗，漏
  网，保鲜膜

- ● **做法**

  ① 分离蛋清和蛋黄，蛋白加细砂糖打散备用。

  ② 蛋清倒入牛奶中拌匀，再倒锅里煮开；倒入
  小碗中，自然冷却到表面结一层奶皮。

  ③ 将牛奶缓缓倒回锅内，注意不要将奶皮弄
  破；牛奶倒出后奶皮贴于碗底。

  ④ 在碗上放一个漏网，将牛奶缓缓倒入碗中。

  ⑤ 将冷水倒入蒸锅，把双皮奶盖上保鲜膜放入
  锅内。

  ⑥ 水开后改中火蒸15分钟后关火，闷2~3分钟
  之后再开盖，打开保鲜膜，放上蜜豆即可。

卡布奇诺 （容器：马克杯）

● 材料

意式浓缩咖啡30毫升，
牛奶150毫升

● 工具

意式咖啡机

● 做法

❶ 牛奶用意式咖啡机的蒸汽杆打出奶泡。

❷ 将意式浓缩咖啡注入咖啡杯中。

❸ 咖啡杯把手转向反方向，杯体稍往前倾斜。

❹ 在咖啡最深处轻轻注入少量奶泡，同时，将
咖啡杯缓慢放平，最后拉出心形花即可。

Tips

使用意式咖啡机前需要在滤器中注入热水清
洗，并温热器具，再用布擦干水分。

香醇玫瑰奶茶

容器：马克杯

玫瑰调理气血，美容养颜，这是属于办公室女
士的精致生活。

● 材料

玫瑰花15克
红茶包1袋
牛奶100毫升
蜂蜜少许

● 工具

锅
长柄汤勺

● 做法

❶锅中注入适量清水烧开，放入洗净的玫瑰花，用小火略煮2~3分钟即可。

❷放入备好的红茶包，拌匀，用中火煮出淡红的颜色。

❸倒入牛奶，拌匀，用大火煮至沸腾。

❹关火后盛出煮好的奶茶，装入杯中，加入少许蜂蜜，拌匀即可。

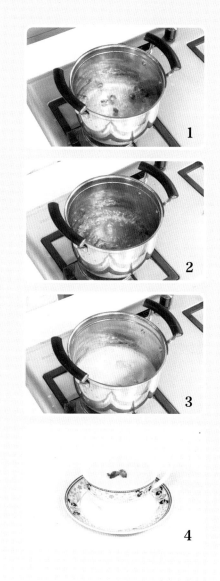

Tips
牛奶不宜长时间煮，以免营养流失。

冰镇仙草奶茶

容器：果汁杯

- ● 材料

  仙草冻80克，细砂糖20克，牛奶150毫升，红茶包1包，开水150毫升

- ● 工具

  冰箱，保鲜膜

- ● 做法

  ① 开水杯中放入红茶包，浸泡2~3分钟，泡成红茶水。

  ② 取一杯子，倒入红茶水。

  ③ 加入牛奶。

  ④ 放入细砂糖，搅拌至细砂糖溶化。

  ⑤ 加入仙草冻。

  ⑥ 杯口封上保鲜膜，放入冰箱冷藏30分钟以上，即可。

摩卡咖啡 [容器：布丁杯]

● **材料**

牛奶250毫升，咖啡豆15克，淡奶油适量，巧克力酱适量

● **工具**

磨豆机，摩卡壶，咖啡壶，燃气炉，奶油枪

● **做法**

❶ 将咖啡豆放入磨豆机中，磨成粉状（具有颗粒感的面粉状粉末），放入摩卡壶的粉槽中。

❷ 摩卡壶的下座倒入50毫升冷水，把装满咖啡粉的粉槽安装到咖啡壶下座上，将咖啡壶的上座与下座连接起来。

❸ 将摩卡壶放在燃气炉上加热3~5分钟，出现咖啡往外溢出，当萃取完所有的咖啡后将摩卡壶从燃气炉上取下。

❹ 布丁杯中挤入巧克力酱，倒入煮好的咖啡、加热好的牛奶，拌匀；将淡奶油倒入奶油枪中，往杯子上挤上打发好的淡奶油，淋上少许巧克力酱即可。

酸奶水果杯

容器：雪糕杯

酸奶中流动着水果的芳香，水果中饱含着酸奶的清爽，它们彼此衬托，把最诱惑的鲜美奉送给你。

● **材料**

　火龙果130克

　橙子70克

　苹果80克

　酸奶75克

　樱桃适量

● **工具**

　水果刀

● **做法**

❶ 将火龙果、橙子、苹果分别取果肉，
切小块。

❷ 取一个干净的玻璃杯。

❸ 放入切好的火龙果、橙子和苹果。

❹ 然后均匀地淋上酸奶，再装饰上樱桃
即可。

1

2

3

4

Tips

各式水果最好切成均匀大小的块状，这样成品
会更美观。

抹茶豆沙杯 容器：梅森杯

● 材料

豆沙栗子羹：板栗肉50克，红豆沙150克，糖粉30克，清水100毫升，寒天粉6克

抹茶慕斯：马斯卡彭芝士50克，淡奶油110克，牛奶50毫升，吉利丁片5克，朗姆酒5毫升，抹茶粉5克，糖粉30克

● 工具

蒸锅，切刀，玻璃碗，手动搅拌器，奶锅，冰箱

● 做法

❶ 板栗肉放入蒸锅内蒸熟、切粒。

❷ 将红豆沙、清水、糖粉搅拌煮沸，加入板栗肉和寒天粉，边加热边搅拌匀后倒入梅森杯底部，冷藏待用；吉利丁片放冷水里泡软，待用。

❸ 马斯卡彭芝士加朗姆酒，充分拌匀至丝滑，加入泡软的吉利丁片，再隔水加热搅拌至溶化。

❹ 牛奶加抹茶粉充分拌匀，缓缓地加入奶酪糊，搅匀；淡奶油加糖粉，将其打发至六成。

❺ 分成3次将抹茶糊加入淡奶油，不停地拌匀后，倒入容器内，放冰箱冷藏凝固；取出，挤上奶油花，撒上少许抹茶粉装饰即可。

白兰地咖啡 容器：马克杯

● 材料

白兰地60毫升，方糖1块，热纯黑咖啡200毫升

● 工具

咖啡勺，打火机

● 做法

❶ 将咖啡倒入杯中，上方横直放上皇家咖啡勺。

❷ 中间放置方糖，从方糖上倒入白兰地。

❸ 点燃方糖。

❹ 等待火熄灭，让方糖和白兰地混合入咖啡，即可饮用。

Tips

浓缩咖啡，最好是用意式豆做，或者可以改用单品豆，依照个人口味，可以稍微调整。

冰镇盆栽奶茶

容器：雪糕杯

我的世界有一盆绿植，那里生机勃勃。

● 材料

打发淡奶油60克

牛奶150毫升

开水100毫升

红茶包1包

奥利奥饼干末80克

薄荷叶适量

● 工具

冰箱，保鲜膜

● 做法

❶ 玻璃杯的开水中放入红茶包，浸泡
2～3分钟成红茶水。

❷ 取一杯子，倒入红茶水，加入牛奶，
搅拌均匀。

❸ 封上保鲜膜，放入冰箱冷藏30分钟。

❹ 取出冰镇好的奶茶，撕开保鲜膜，堆
放上淡奶油。撒一层奥利奥饼干末，再
放上薄荷叶点缀即可。

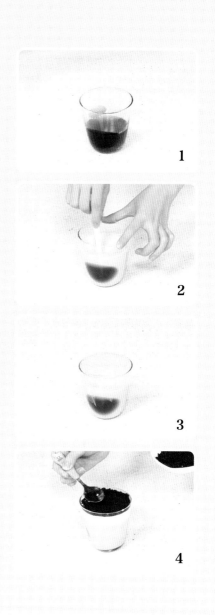

1

2

3

4

Tips

红茶含有胡萝卜素、维生素A、钙、磷、镁、钾等营养
元素，具有提神消疲、延缓衰老等功效。

草莓沙冰奶盖

容器：果汁杯

● 材料

草莓80克，牛奶50毫升，植物淡奶油适量，冰块适量，薄荷叶少许

● 工具

水果刀，冰沙机，裱花袋，电动搅拌器

● 做法

❶ 将草莓洗净，去蒂，切成片。

❷ 将草莓片、牛奶和冰块倒入冰沙机中。

❸ 搅打成冰沙后装杯。

❹ 取电动搅拌器，将植物淡奶油快速打发至有明显的浪花状。

❺ 装入裱花袋中，在尖端剪一个小口，挤在冰沙上。

❻ 用薄荷叶、草莓片装饰即可。

奥利奥百利甜酒

容器：果汁杯

● **材料**

百利甜酒80毫升，牛奶20毫升，咖啡粉10克，奥利奥饼干8块，巧克力酱适量

● **工具**

手动搅拌器

● **做法**

❶ 取一个大杯子。

❷ 倒入百利甜酒、牛奶、咖啡粉，搅拌均匀。

❸ 取一只漂亮杯子。

❹ 在杯内壁涂一圈巧克力酱。

❺ 倒入拌好的百利甜酒牛奶饮品。

❻ 最后放上碎的奥利奥饼干块即可。

思慕雪

轻盈的思慕雪，不仅营养健康，还能美体减
肥，喝上一杯让你身心畅快！

● 材料

老酸奶600克

黄心猕猴桃、绿心猕
猴桃各适量

草莓8颗

菠萝1/3个

● 工具

水果刀

料理机

竹签

● 做法

❶ 将草莓和菠萝处理好，切成小块，放冰箱冷冻层冷冻至坚硬结霜。

❷ 黄心猕猴桃和绿心猕猴桃切成薄片。

❸ 小心地将黄心猕猴桃薄片和绿心猕猴桃薄片贴在玻璃杯内壁上，可用竹签等工具辅助贴牢。

❹ 把老酸奶倒入料理机中，加入冻好的菠萝，搅打成泥。

❺ 小心地倒入杯子下层。

❻ 把老酸奶倒入料理机中，加入冻好的草莓，搅打成泥。

❼ 小心地倒入杯子上层。

❽ 按照个人喜好可在杯子最上面放些水果装饰。

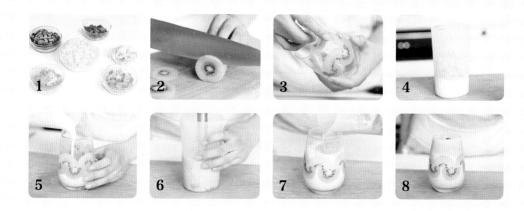

自制酸奶

酸奶用新鲜牛奶发酵加工制成，清香可口，再加上缤纷的水果点缀其上，让人如何拒绝这美妙滋味？

● 材料

全脂牛奶1000毫升

老酸奶50克（做引子）

草莓粒、蓝莓各适量

● 工具

酸奶机1台

小勺1把

● 做法

❶ 将酸奶机内胆连盖子用开水淋浇消毒，将牛奶倒入酸奶机内胆。

❷ 将老酸奶和全脂牛奶倒入酸奶机内胆。

❸ 用小勺将酸奶机内的牛奶和老酸奶搅拌均匀。

❹ 酸奶机中放入内胆，插电，设置成制作酸奶模式，夏天设置8小时即可。时间到，打开盖子检查状态，如果全部凝固，即可断电放入冰箱冷藏；食用前取出，再装饰上草莓粒和蓝莓即可。

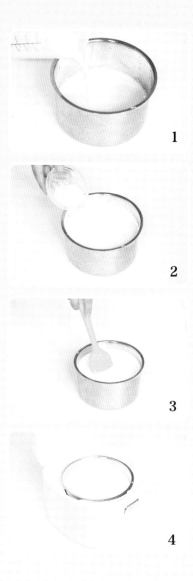

1

2

3

4

Tips

自制酸奶的发酵时间越长口感越酸，食用时可加入蜂蜜、枫糖浆、水果调味。

香蕉巧克力 容器：威士忌酒杯

● 材料

香蕉1根，纯牛奶250毫升，巧克力适量

● 工具

冰沙机

● 做法

1. 香蕉去皮切小块。
2. 巧克力切碎。
3. 取冰沙机，倒入牛奶、香蕉块、巧克力碎。
4. 用冰沙机将所有材料打碎。
5. 倒出打好的饮料即可。

Tips
喜欢巧克力完全融合口感的可以选用较软点的牛奶巧克力，比如松露巧克力。